基于OpenGL的 共形表面耦合场 辐射计算与分析

李悦立 高 旭 罗 烈 ◎编著

上海交通大学 出版社
SHANGHAI JIAO TONG UNIVERSITY PRESS

内容提要

本书简单回顾了太阳能飞机的演化历史,以太阳能飞机设计软件开发为主线,前半部分介绍了 Visual Basic 开发语言的基本语法、Visual Basic 开发环境下 OpenGL 的基本操作与高级技巧、太阳辐射计算模型和飞机参数定义等基础知识,后半部分以飞机机翼设计模块、机身设计模块、全机设计模块和太阳辐射计算模块开发为例开展实战讲解。通过本书的内容,能够让飞机设计领域的爱好者和工程师快速掌握飞机总体设计方法及其软件开发技能,促进飞机设计手段的提升。

图书在版编目(CIP)数据

基于 OpenGL 的共形表面耦合场辐射计算与分析/李悦立,高旭,罗烈编著. —上海:上海交通大学出版社,2024.2

ISBN 978 - 7 - 313 - 26771 - 9

Ⅰ.①基… Ⅱ.①李… ②高… ③罗… Ⅲ.①太阳能—无人驾驶飞机—设计 Ⅳ.①V279

中国国家版本馆 CIP 数据核字(2024)第 036550 号

基于 OpenGL 的共形表面耦合场辐射计算与分析

JIYU OpenGL DE GONGXING BIAOMIAN OUHECHANG FUSHE JISUAN YU FENXI

编　　著:李悦立　高　旭　罗　烈			
出版发行:上海交通大学出版社	地　　址:上海市番禺路 951 号		
邮政编码:200030	电　　话:021 - 64071208		
印　　制:上海万卷印刷股份有限公司	经　　销:全国新华书店		
开　　本:710 mm×1000 mm　1/16	印　　张:19.5		
字　　数:350 千字			
版　　次:2024 年 2 月第 1 版	印　　次:2024 年 2 月第 1 次印刷		
书　　号:ISBN 978 - 7 - 313 - 26771 - 9			
定　　价:78.00 元			

前言

FOREWORD

  随着环保意识的逐渐增强和新能源技术的不断发展,太阳能作为一种清洁、可再生的能源,在各个领域都得到了广泛的应用。特别是在飞行器领域,太阳能无人机的出现不仅极大地推动了飞机设计相关技术领域的进步,而且也为环保事业做出了贡献。虽然国内外研发了多款太阳能无人机,开展了数十年的试验研究和应用探索,也积累了丰富的经验,但太阳能无人机独有的技术特点使得开发一款实用化的太阳能无人机依旧困难重重。目前,国内外关于太阳能无人机设计的论文和专著有很多,对于工程技术人员来说,如何使用这些科学知识并将其转化为飞机设计方法依旧存在困难。因此,针对太阳能无人机设计的技术特点,本书就如何开展全三维交互式飞机总体设计软件的开发做了系统性的介绍,可为从事太阳能无人机设计的单位和个人提供参考。

  本书是基于作者开展太阳能无人机总体设计、气动分析、辐射特性分析的研究成果撰写而成。全书分为 4 个部分。第 1 部分为绪论,介绍了太阳能无人机的技术特征、应用前景、发展阶段,同时介绍了作者开展太阳能无人机设计软件开发的初衷。第 2 部分为第 1 章~第 5 章,介绍了开发语言 Visual Basic(VB)在设计软件开发中的常见使用方法,在 VB 开发环境中如何使用 OpenGL 绘制三维图形,并对三维图形进行交互操作,太阳辐射模型的数学表达式及其代码设计案例。该部分内容为后续章节内容的学习提供了基础知识。第 3 部分为第 6 章~第 9 章,介绍了飞机总体设计软件的开发,包括机翼设计、机身设计、全机设计及全机太阳辐射能量计算分析。第 4 部分为第 10 章和第 11 章,针对太阳能无人机的两个问题进行了初步的研究:第 10 章针对太阳能无人机跨昼夜飞行问题提出了一种基于质量的迭代方法;第 11 章针对太阳能无人机部件遮挡对太阳辐射计算影响提出了一种基于面元颜色与矢量融合的快速求解遮挡算法。

  本书旨在帮助读者掌握全三维交互式飞机总体设计软件的开发方法。可以供飞行器设计研究人员使用,也可以作为高等院校航空专业的本科生、研究生和航空爱好者的学习参考。

李悦立完成了本书的策划和统稿,并与高旭、罗烈完成了本书的主要撰写工作。第 1 章由李悦立、高旭、罗烈完成,第 2 章由李悦立、罗烈完成,第 3 章由李悦立、高旭完成,第 4 章~第 10 章由李悦立完成,第 11 章由李悦立、高旭、罗烈完成。绪论~第 5 章的校对由李悦立完成;第 6 章~第 11 章校对由高旭完成。在本书的策划、撰写、出版过程中,作者得到了第一飞机设计研究院柴建忠研究员、上海交通大学耿军平教授的鼓励、指导和帮助,在此致以诚挚的感谢!

由于作者水平有限,书中难免存在不足之处,请广大读者及时予以指正。

目录
CONTENTS

绪　论

太阳能飞机指以太阳辐射为能源、以电动机驱动螺旋桨为动力系统,自身携带蓄电池,可长时间滞空飞行的飞行器。受限于太阳能电池板转化效率和蓄电池能量密度,当前主流的太阳能飞机任务载荷小,以无人机为主。为了降低大气对太阳辐射的衰减,同时避免低空湍流对超轻结构的破坏,超长航时太阳能无人机一般在平流层飞行,巡航高度大多在 20 000 m 以上。

太阳能无人机要实现跨昼夜持续飞行,必须先实现能量供需平衡。当太阳能无人机在白天飞行时,铺设在无人机表面的太阳能电池通过光电转换将太阳辐射的光能转换为电能,部分电能通过电动机驱动螺旋桨为无人机提供飞行动力,另有部分电能满足机载设备和任务载荷的用电需求,还要有剩余电能为蓄电池充电。当其在夜间飞行时,蓄电池释放白天储存的电能,为无人机正常飞行和机载用电设备正常工作提供能量。只要蓄电池储存的电能可维持无人机飞行至重新获得充足的太阳辐射,太阳能无人机就可以实现持续不断的滞空飞行。在太阳能无人机飞行过程中,太阳能电池、蓄电池、电动机和机载设备的用电特性由能量管理系统进行统一管理,其整个能量流动原理如图 0-1 所示[1]。

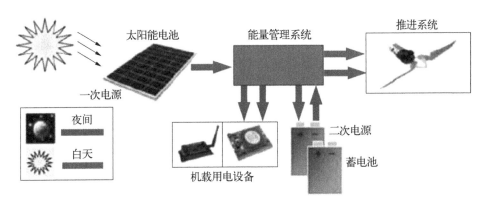

图 0-1　太阳能无人机能量流动图

1. 主要优势

相对于其他飞行器,太阳能无人机有以下优势:

(1) 与卫星相比,可以提高对地观测的时空分辨率。

国土资源卫星的轨道一般为近地轨道,在固定区域存在重返时间长的问题。对于突发性事件,比如泥石流等自然灾害,国土资源卫星需要采用紧急变轨的方式提供服务,这严重降低了卫星自身的使用寿命。临近空间超长航时太阳能无人机可根据具体情况随时展开部署,不仅可以提供比卫星拍摄更高分辨率的照片,而且可以提供持续的图像、视频、雷达信息的更新。

(2) 与通用飞机相比,可以提升滞空时间。

临近空间超长航时太阳能无人机可以长时间飞行在工作区上空,可以持续工作几天,实时更新现场画面,其服务时长远远超过了现有的由通用飞机改装的对地观测飞机。

(3) 部署灵活,环境条件限制少。

临近空间超长航时太阳能无人机可以根据任务需求进行机动、快速有效的部署。卫星和航天飞机在进行位置机动时需要耗费大量的燃料,而发射的准备工作也更加复杂。临近空间超长航时太阳能无人机不受恶劣气象条件的制约,对于台风跟踪等气象信息的获取至关重要。

(4) 全寿命周期效费比高。

目前,随着国内外民用航天在微小卫星制造技术、发射技术上的不断进步,之前对地观测卫星高成本的问题有望得到解决;同时,随着卫星星座的部署,对同一地点的重返周期缩短到 10 分钟以内。但是,发射卫星星座的成本却非常高昂。根据长光卫星技术公司估计,要实现 10 分钟的重返周期需要发射 138 颗卫星,按照一颗卫星 100 千克且低轨发射成本为 5 000 美元/千克来计算,总发射费用就高达 6.9 亿美元[2]。由于微小卫星主要在低轨运行,在大气阻力的作用下,其在 1~2 年使用寿命内就会因为无法维持运行轨道而坠入大气层销毁。换句话说,卫星星座约需要每两年进行全面补充发射以维持其预期能力。这对于动辄使用 20~30 年且飞行寿命为 5 000~10 000 h 的飞机来说,是不可想象的。

临近空间超长航时太阳能无人机的这些特殊优势受到了美国、英国、瑞士、以色列等国家的密切关注,飞行高度、续航时间等纪录在近 10 年来被不断刷新。我国相关研究院所和高校经过 10 余年的探索,在太阳能无人机领域也积累了一定的经验;与此同时,我国太阳能电池板、蓄电池的快速进步也为临近空间超长航时太阳能无人机的发展奠定了良好的基础。

2. 应用前景

太阳能无人机飞行高度高,续航时间长,常被称为"大气层卫星",具有发射/回收方便、航线机动灵活、使用/维护成本相对较低等特点,可用于执行远距离通信中继、电子情报侦察、区域持久监视、区域导航定位、空中预警探测、气象环境监测和灾害应急监测等任务,军民用途非常广泛;可与轨道卫星、高空飞艇、常规动力飞机、地基雷达等构成更加完善的信息支援体系。

1) 通信中继

太阳能无人机搭载通信中继任务载荷可构成临近空间通信中继系统。与通信卫星相比,太阳能无人机飞行高度远远低于卫星轨道高度,虽然其覆盖面积较小,但信号强度衰减大幅降低,通信延迟时间缩短,抗干扰能力增强,从而使得研发高速、大容量的低功耗小型移动通信终端成为可能;太阳能无人机可多次起降重复使用,便于追加或更新通信设备,从而可实现通信系统的快速扩容或升级。与地面通信基站或应急通信车相比,由于其飞行高度高,太阳能无人机具有覆盖范围广、信号遮蔽小、多径效应小等优势。

在军用方面,临近空间超长航时太阳能无人机通信中继系统可用于卫星系统破坏后的应急通信中继、战时空中交通管制、各类无人作战系统的远程指挥控制、远程打击武器的中继制导等。在民用方面,不依赖通信卫星和地面基站建立的临近空间超长航时太阳能无人机通信中继系统,在节省大量通信基础设施建设资金间接为节能减排做贡献的同时,还可以为更广阔的区域提供空中无线网络,让更多人体验互联网带来的便利,为"互联网+"创造更多的应用价值。

2) 电子情报侦察

太阳能无人机搭载电子情报侦察任务载荷可构成临近空间超长航时电子情报侦察系统,将与天基电子侦察卫星和有人/无人电子侦察机一起构成更加完善的电子情报侦察体系,实现对重点区域、敏感目标的无缝电子侦察,以获取更加完备的战略情报信息。

3) 区域持久监视

天基情报系统提供的信息实时性不够强,精度不够高;空基情报系统的覆盖范围不够广,持续时间不够长。二者均难以满足对重点区域的持续高精度侦察监视要求。

由临近空间超长航时太阳能无人机搭载高精度侦察监视载荷构成的临近空间侦察监视系统,可以实现对重点区域、重要目标长达数天乃至数月的持续高精度侦察监视,实时获取情报信息。

4）区域导航定位

多架临近空间超长航时太阳能无人机可构成区域导航网络系统,与导航卫星系统相比,其具有数据延迟短、导航信号强、定位精度高等优点。该系统既可在战时导航卫星系统被干扰或破坏的情况下,为武器装备提供应急导航或制导;又可以在平时独立为卫星信号覆盖不到的区域提供导航定位服务;还可以与卫星导航系统一起,在特定时期为特定区域提供增强的导航定位服务。

5）空中预警探测

与常规有人预警指挥机相比,太阳能无人机机体尺寸更大、飞行高度更高、续航能力更强,可以搭载与机体高度共形设计的机载雷达系统,在更远的任务区域实现对空中目标的预警探测。未来,基于超长航时太阳能无人机的临近空间预警探测系统将与有人预警指挥机一起,构成功能更加强大的分层空中预警体系。

6）气象环境监测与灾害应急监测

太阳能无人机携带气象探测载荷,可执行大气探测任务,辅助进行气象预报,提升自然灾害应对能力。与气象卫星相比,太阳能无人机还可以灵活地持续跟踪台风等强烈大气旋涡运动,为灾害预警、灾情监测和灾后救援提供及时信息。

地震、泥石流等突发性自然灾害发生后,搭载高分辨率对地观测载荷的太阳能无人机可以快速响应,提供灾情信息,并对灾区开展持续监测。与高分卫星系统相比,太阳能无人机高分系统响应速度更快,可将反应时间由数十小时缩短至数小时之内。与中低空飞行的常规无人机相比,临近空间飞行的太阳能无人机不受灾区恶劣天气的影响,且探测区域更广,持续监测能力更强。

3. 发展历程

自 1974 年第一架太阳能无人机 Sunrise I 首飞[3]以来,人类对太阳能无人机的研究取得了长足的进步。根据技术基础和飞行能力,太阳能无人机的发展可概括为五个阶段。截至目前,前四个发展阶段已经完成,人类正在努力实现第五个阶段的发展目标。

第一阶段为概念探索阶段,主要验证太阳能作为飞行器能源的可用性,太阳能电池能够为巡航飞行提供部分能源。美国在 20 世纪 80 年代开展这一阶段的研究,代表机型有美国航空环境公司于 1983 年首飞的"探路者"太阳能无人机。

第二阶段为技术发展阶段,验证太阳能作为飞行器主要能源的可行性,能够完全依靠太阳能进行巡航飞行。在概念可行性获得验证后,美国航空环境公司发展的"探路者+"和"太阳神"太阳能无人机基本实现了完全依靠太阳能进行巡航飞行,这两架飞机分别于 1998 年、1999 年首飞。由于超大展弦比柔性飞翼布局机体的一系列技术问题,"太阳神"太阳能无人机(见图 0-2)于 2003 年在试飞中解体坠毁。

图 0-2 "太阳神"太阳能无人机

第三阶段为基本可用阶段,太阳能无人机实现了跨昼夜飞行,太阳能电池有足够的功率裕度为蓄电池充电并能满足夜间飞行的需要,至此太阳能无人机初步展示了投入工程应用的潜力。英国奎奈蒂克公司利用太阳能电池和蓄电池领域的最新研究成果,在太阳能无人机跨昼夜飞行能力方面率先取得了突破,该公司研制的"西风 6"太阳能无人机(见图 0-3)在 2007 年首先实现了跨昼夜飞行,最大续航时间超过 54 h[4]。

图 0-3 飞行中的"西风 6"太阳能无人机

第四阶段为初步应用阶段,太阳能无人机实现了跨周飞行,续航时间和载荷能力初步满足工程应用的需要。英国奎奈蒂克公司仍然保持领先地位,"西风7"太阳能无人机(见图 0-4)创造了长达 14 天的无人机续航时间纪录[4],为太阳能无人机走向工程应用打下了良好的基础。

图 0-4 正在放飞的"西风 7"太阳能无人机

第五阶段为全面应用阶段,机体、能源系统、动力系统、任务载荷都能有很长的使用寿命,太阳能无人机将拥有长达数月乃至数年的滞空能力。Google 公司在 2014 年收购了太阳能无人机公司 Titan,主要为偏远地区或山区提供 5G 网络覆盖,由于在 2016 年的 5G 网络覆盖测试中,发现数据传输成本相对热气球更为高昂,暂停了"Solara 50"太阳能无人机(见图 0-5)的后续开发。2016 年 6 月,

图 0-5 Google 公司"Solara 50"太阳能无人机

原 Facebook 公司的"Aquila"太阳能无人机完成了首次试飞,在着陆时由于突发强风使得飞机偏离了航道而发生部分损坏[5]。尽管如此,原 Facebook 公司仍然看好采用太阳能无人机为落后偏远地区提供稳定的互联网信号,也表示将继续发展太阳能无人机,并于 2017 年 7 月进行了第二次试飞且取得了成功[6]。

国内对太阳能无人机的研究还处于技术发展阶段,优势研究单位主要有航天科技十一院、航空工业一飞院、航空工业成都所、西北工业大学等。据公开报道,航天科技十一院大型太阳能无人机(见图 0-6)的飞行高度已短时间突破了两万米[7],西北工业大学的"魅影"太阳能无人机(见图 0-7)创造了 27 小时 37 分钟的小型太阳能无人机低空续航时间纪录[8]。

图 0-6 航天科技十一院大型太阳能无人机示意图

图 0-7 西北工业大学"魅影"太阳能无人机

4. 本书内容

2014 年,中航工业(现为航空工业)技术创新基金资助第一飞机设计研究院开展超长航时太阳能无人机技术集成验证项目,根据项目任务要求分解出太阳辐射能量计算分析研究任务,由此开展了太阳能辐射计算分析平台开发。

在太阳能无人机方案设计过程中需要对太阳辐射能量进行评估:① 全机总体技术参数指标是否合理;② 太阳能电池板铺设位置、面积是否合适;③ 试飞时选择的地理位置与日期是否满足当时飞行能源供给需求;④ 不同的飞行高度、方位、姿态对太阳辐射能量的影响等诸多细节问题。

在项目实施期间,国内还没有一款面向飞机设计领域的太阳辐射能量计算分析工业级软件平台。在理论层面,太阳辐射能量求解是一个成熟的算法,由于国内公开的其他项目都是针对飞艇类[9-10],对太阳能需求不如飞机来得严苛,这样就造成了两个局面:一个是计算条件简单,只需要在固定高度、固定方位下开展计算;另一个是计算容许误差可以很大,毕竟飞艇的体积很大,在不考虑成本因素下,太阳能电池板可以铺设得很大,能源富余量大,对精细计算的需求并不迫切。国内就与太阳能无人机相关的项目计算做了大量简化,包括大气衰减[11]、表面曲率[12]、北京时间与当地太阳真时的差异等。在工业软件层面,国内公开的计算软件没有一个是按照工业软件的思想进行设计的,计算基本采用 MATLAB 或者是 Fortran(见图 0 - 8)[9-10],将涉及曲面矢量求解过程、大气衰减求解过程、时间修正过程进行简化。

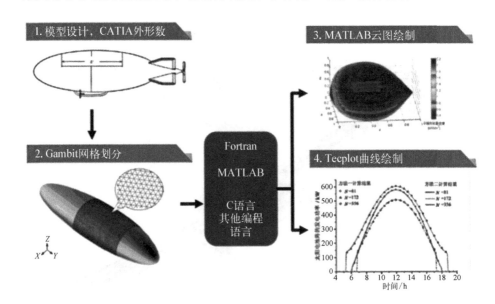

图 0 - 8 文献常用的辐射计算分析流程

　　该项目首先确定使用完全的太阳辐射能量理论,包含了地球轨道影响(日期因素)、大气衰减影响(高度因素)、地理纬度影响(太阳高度角)、地理经度影响(太阳真时)、时间影响、物面曲率影响等因素。其次,将全套公式编写为求解函数模块,实现了不同计算条件下统一的函数模块的调用,既提高了编程效率,又提高了程序的鲁棒性与稳定性。再次,根据项目需求,平台设计了4个分析流程:① 蓄电池质量分析,对无人机本体的总体参数进行计算分析,判断这些参数是否支持无人机实现跨昼夜飞行;② 太阳辐射特性,用于选择合适的飞行日期;③ 单点计算,用于选择合适的太阳能电池板铺设位置、面积,同时根据飞行日期选择合适的飞行方位;④ 全天计算,用于全天飞行的太阳辐射能量计算。最后,使用三维显示与操作技术,按照工业软件的开发要求,实现了全鼠标操作,具有飞行器建模、面板铺设、姿态显示、方位显示、计算结果显示、图像保存、项目保存等功能。项目开发的软件平台如图0-9所示。

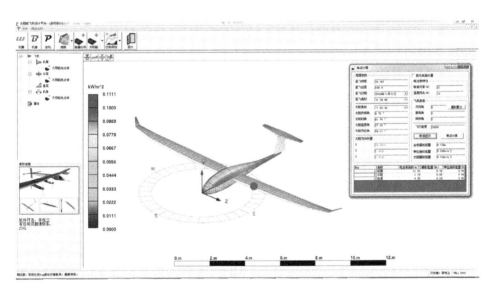

图 0-9　太阳辐射能量计算软件显示界面

　　该项目实现了任意位置、任意日期、任意时刻、任意高度、任意曲面、任意姿态下的太阳辐射能量计算与分析,拥有目前国内最为强大的求解内核。此外,本平台具有很强的人机交互性,是目前国内交互性最好的太阳辐射能量计算与分析平台。

　　在此基础上,本书的作者根据软件开发的心得体会编写了该书,希望对从事太阳能无人机设计与分析的工作者有所帮助。

第 1 章

工具软件开发入门

本章的主要目的是带领大家进入编程世界。

1.1　为何采用 Visual Basic 6.0

第一，Basic 语言本身就是针对入门者的语言[13]，只有 14 条语句（后来发展到 17 条语句）。

第二，工具软件需要与使用者进行人机交互，需要有交互界面。控制台加配置文件的交互方式已经很难紧跟现代设计的步伐。

第三，有些专业使用 MATLAB 开展界面设计，存在移植性问题。我们平时所用软件的文件是可移植的执行体（portable executable，PE）文件。很难想象，一个不到 1 M 的文件读写与格式转换软件，需要使用者安装 4 G 的 MATLAB 基础运行库。

第四，能够独立运行、可移植、带界面的执行体的开发环境有很多，比如 VC。但是，如果占 200 M 存储空间的开发环境能满足使用需求，就没有必要安装一个接近 600 M 的开发环境。

第五，Visual Basic（VB）是大家在本科阶段就学习过的编程语言，相对于微软基础类库（Microsoft foundation class，MFC）来说，VB 是非常容易上手的。但是，这并不意味 VB 很低端，用它可以做很多事情。2022 年 5 月的编程语言排行榜中，VB 排第 6[14]。

第六，在 VB 的开发环境中，VB6.0 是一个非常好的版本，类似操作系统中的 Windows XP，毕竟它们是同时期的产物。现在高级的 VB 版本除了整体的构架之外，与之前我们那个时代学习的完全不同。

第七，在特殊场合，VB 使用起来非常方便。有时候需要在工控机上读取数据并进行处理与分析，但是工控机可能没有安装任何编程的开发环境，只有必要的办公软件。Excel 的宏自带 VB 脚本，可以快速进行数据处理与分析。

　　总结一下,VB6.0 是一个大家熟悉、入门简单、运行便捷、能够生成独立运行的人机交互式软件的开发平台。

　　关于 VB 的教材很多,选取一本入门级的、有讲解控件使用的教材即可。如遇到高级技巧或者是需要特殊处理的,建议大家通过网络查找学习。

1.2　OpenGL

　　简单地说,OpenGL 是一个强大的图形处理和三维显示的函数库。在 VB 开发环境中需要加载 VBOGL.TLB 文件。

　　OpenGL 的库类似原始库,大都需要在此基础上进行二次开发。在某些领域,比如飞行模拟领域,一般采用二次开发的 OSG(open scene graph)[15]。OSG 涉及复杂的渲染、光线等,而在工具软件开发上用不到这些功能。

1.3　资源文件

　　在大部分情况下,工具软件的开发都是根据教材、论文、手册进行编写,需要引用表格和图片。这些在软件开发中属于资源文件。不同来源的图片存在分辨率、长宽比不一致等问题,还是需要使用者自己来重新制作这些图片,以保证工具软件的资源具有统一性。

　　图片的制作有很多种方法。比如,对于数值曲线,可以将数据保存为 Tecplot 格式,通过 Tecplot 来绘图;也可以采用 Excel 或者是 Origin,以及 MATLAB 等其他支持数据绘图功能的软件。

　　对于指示性的资源文件,比如带有箭头的符号、流程图等,在不采用特殊软件的情况下建议使用 PPT 来制作,然后将做好的 PPT 输出为图片即可。PPT 可绘制圆形、矩形、倒角矩形等几何图形,箭头,连接线,流程图等,方便快捷。

　　在开发过程中生成的这些文件不要随意放置,最好在工程目录下建立 PIC 文件夹、ICON 文件夹;对于需要调用控制台 EXE 程序的,还要建立 BIN 文件夹;对于大量文件操作的,需要建立 WORK 文件夹;对于翼型文件目录,需要建立 FOIL 文件夹;对于临时性的文件,需要建立 TMP 文件夹。如果软件不采用开发系统自带的打包工具进行封装,而是直接压缩发布的话,由于程序引用的控件可能不在其他计算机上,还需要建立 DLL 文件夹以存放控件的 DLL。

1.4 学习借鉴

俗话说"熟读唐诗三百首,不会作诗也会吟",在使用商业软件或者其他专业软件时,优秀的操作逻辑、显示方式、人机交互等,可以作为开发参考,这样可以极大提高开发效率,提升开发水平。对于工具软件开发,要尽量贴近常用软件的操作方式(如果能够直接引用是最好的),这样便于快速熟悉软件的操作和使用。

应该熟悉一些常用的定义。比如"文件"选单,一般包括"新建""打开""保存""另存为"。又比如,鼠标指针,缩放的指针用的是上下箭头,移动的指针使用的是四向箭头,等待时用沙漏,等等。按住鼠标中间是进行放大或缩小,右键是弹出选单,左键是选择或者移动。这些基本的常用定义需要大家在实际编程中多加注意。

在开发中遇到问题是在所难免的,要时刻谨记,遇到的问题不是特例,其他人会遇到类似的问题。可以通过网络搜索代码,学习借鉴,以实现快速解决问题的目的。比如,某个控件的使用技巧,Excel 的引用,OpenGL 的初始化,CATIA的二次开发,等等。

有些开发技巧还需要有辅助工具的支持。在 visual studio 的工具里有 spy++,通过移动瞄准器,可以分析出该控件或者该区域的属性,这样就能分析出这个功能是基于什么控件来实现的,如图 1-1 所示。在这里推荐 PEDIY 上下载的 SPY--工具软件。与 spy++使用方法类似,该软件可以快速确定窗体的控件类型。

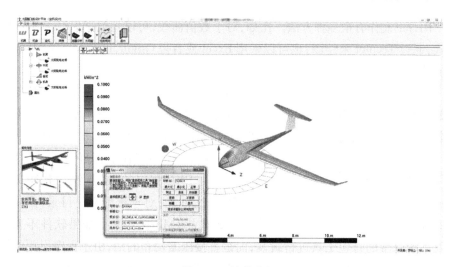

图 1-1 控件分析

1.5　开发思想

使用工具的目的是方便人们完成工作。在专业应用领域的工具软件,除了能使一些烦琐的工作变为机械的自动运行,更重要的是降低任务对使用者相关知识掌握的要求。这是工具软件开发的核心要务。这就要求开发者对该项任务有着深刻的理解,其实工具软件的开发过程也是自我总结提高的过程。我们用的手机软件,哪怕是复杂的游戏,大家不需要看使用说明也不需要请专业人士进行指导,就可以直接使用。也应该把工具软件开发成"游戏"。除了让使用者快速上手使用外,更重要的是让大家在工作的时候有轻松的心情。那么这里有3 条原则。

（1）简单的操作方式:能用鼠标解决的不敲键盘,能按一次鼠标解决的不按两次。

（2）良好的人机界面,控件布局,字体大小,曲线网格,云图色彩等。

（3）简单的操作逻辑。虽然做不到看一眼就知道如何操作,但是至少做到看了一遍就会操作。

工具软件开发的初衷都是面对某项任务,或者是某一个型号。开发前就必须考虑到该项功能的推广和应用。在流程梳理、变量定义、函数编写、逻辑设计、显示与反馈设计等过程中,需要对该项任务的流程和方法进行高度抽象,然后再开始动手写,这对工具的拓展和应用是非常有帮助的。很多自己开发的工具软件适用范围比较有限,其原因就在于开发的时候仅盯着这个任务,最终也仅是该任务适用。这就不是工具软件的开发,而是针对某个工作进行的计算脚本编写。大家在完成某项任务的工具开发后,尽量多开展几个相关型号和案例的测试,不断摸索、总结,梳理出适用范围更加广泛的流程。

抽象化的工作习惯不是一天就建立起来的,抽象化的实践也不是一次就能完美达到的。没有一个软件刚编完就是完美的,没有一个软件发布后就放任不管的。需要根据使用反馈及时更新软件版本,不断提高软件本身的鲁棒性、可靠性和适应性。在这个过程中,大家将会不断提炼工作流程、提升编程水平、优化工具软件,进而养成抽象化思维的习惯,并应用到日常工作中,这将极大地提升工作效率。

1.6 其他语言

虽然本书主要介绍 VB 的编程与开发,但是大家还是要对其他语言有所了解。比如,Fortran、C、MATLAB 等。Fortran 本身就是公式转换语言,是科学计算中最常用的语言,也是科学计算中共享代码最多的语言,数值计算的许多方法都可以找到对应的 Fortran 代码。对我们来说,不用特意去学习 Fortran 语言,只是时刻记住,在我们工具软件开发过程中,如果遇到需要进行数值求解的问题,可以找 Fortran 的代码进行改写。毕竟,那些现有的、经过验证的计算公式,无论是可靠性、鲁棒性和紧凑性都是毋庸置疑的。

纯粹地去学习一门编程语言,甚至多门语言是不现实的。在我们的使用中,大部分情况下都是借鉴参考工具,如 MSDN、编程字典、教材等。在进行 Fortran 函数改写的时候,对于与 VB 语言结构类似的代码,直接借鉴就可以。通过经常性的使用,自然就能熟悉并熟练使用该编程语言。

在实际开发中还会用到 OpenGL 调用或者进行 CATIA 二次开发,即指令性语言。与 MATLAB、Excel 调用类似,其本身也是对函数的调用。只要有一定编程基础,就可以在网络上搜索案例,解析出使用规则和方法,或者是直接查阅使用帮助。

1.7 调试

通常,说得最多的调试就是设置中断,然后逐步调试或者逐过程调试,或者屏幕调试,输出 printf 或者 write。而在实际编程中,做得最多、效率最高的调试其实就是输出调试。在工具软件开发中,我们要知道输入什么数据或者文件,了解数据处理过程,了解输出结果应该是如何的。当出现了与我们设想不一致的结果时,我们只要将可疑的过程通过屏幕输出、控件输出、文本输出进行判断,就可以快速定位错误位置。

要做到高效的软件调试,就需要在变量定义与代码书写方面有良好的习惯,这样才不容易出现错误,或者能够及时发现错误。比如,文本控件的命名,最好与变量名一致,文本类后缀加 Txt。要输入迎角,那么赋值变量名取 Alpha,文本控件名为 AlphaTxt。

第 2 章

VB 的常用控件

本章主要介绍在工具软件开发中经常用到的一些控件的基本使用方法。

2.1 磁盘文件列表

在日常工作中,需要对文件进行频繁操作,如果在开发的软件中增加磁盘文件列表功能将大幅提高操作效率。磁盘文件列表不是单一的一个控件,其集成了磁盘(DriveListBox)、目录(DirListBox)、文件列表(FileListBox),分别命名为MyDrive、DirList、FileList,如图 2 - 1 所示。

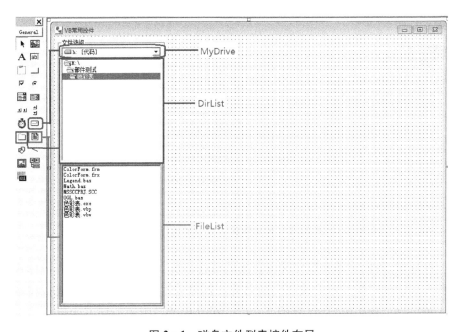

图 2 - 1　磁盘文件列表控件布局

双击磁盘控件、目录控件进入代码编辑区,添加以下灰色区的代码:

Private Sub MyDrive_Change( )

　　Me.DirList.Path ＝ Me.MyDrive.Drive

End Sub

Private Sub DirList_Change( )

　　Me.FileList.Path ＝ Me.DirList.Path

End Sub

　　在软件开发中,该磁盘文件列表一般是在左侧很小的一个区域,如果遇到一个较长的文件夹名称时该如何显示文件名称? 例如图 2－2 所示的这种情况。这时我们要用到控件的文本提示功能,这个功能在属性区,如图 2－3 所示。

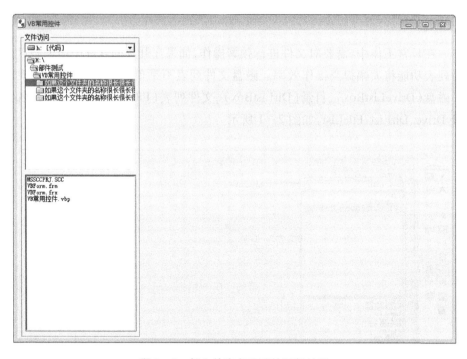

图 2－2　长文件夹名称下的运行结果

　　在这里,我们不是在属性区内直接填写这个长文件夹名,而是要当鼠标选中文件夹列表的时候显示出该列表的名称。这需要重新回到代码区,双击控件就进入该控件的代码编辑区(见图 2－4)。在过程选项中添加如下的鼠标单击过程响应,运行结果如图 2－5 所示。

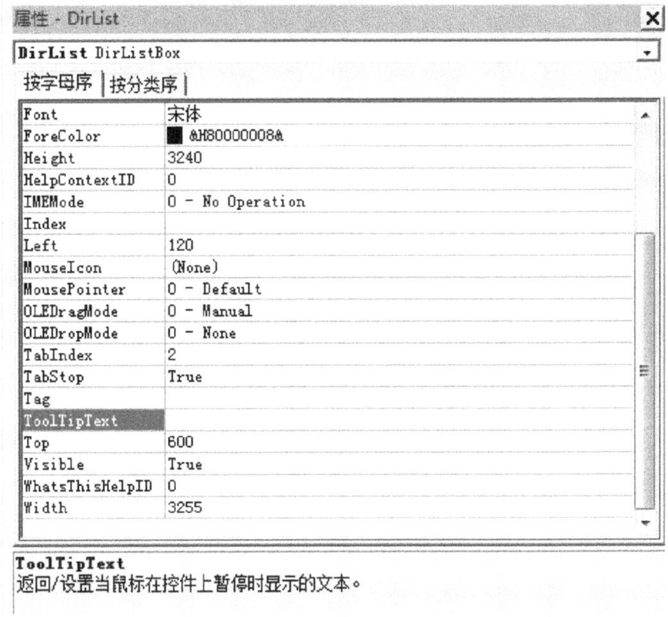

图 2-3　属性区功能界面

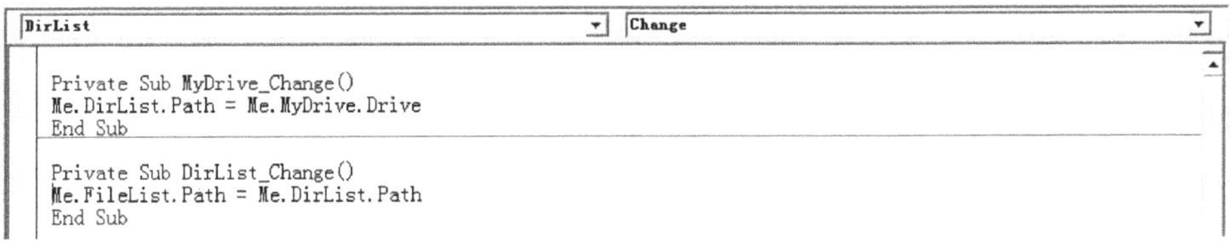

图 2-4　代码编辑区

Private Sub DirList_Click( )

　　Me.DirList.ToolTipText = Me.DirList.List(Me.DirList.ListIndex)

End Sub

如果我们不希望它显示完整的路径,而希望其仅显示该文件夹的名称,那么我们需要使用 Dir 函数来获取我们需要的文件夹名称。修改如下:

Private Sub DirList_Click( )

　　Me.DirList.ToolTipText = Dir(Me.DirList.List(Me.DirList.ListIndex),

vbDirectory)

End Sub

运行结果如图 2-6 所示。

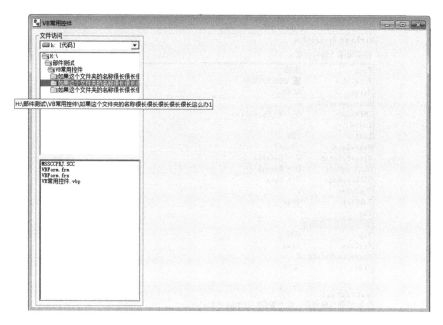

图 2-5　显示文件夹全路径的程序运行结果

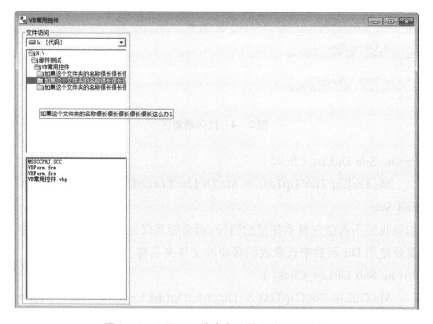

图 2-6　只显示文件夹名称的程序运行结果

关于 Dir 函数的使用,可以参考 MSDN 中的介绍。

2.2 菜单设计

菜单的添加可以单击"工具"进入"菜单编辑器";也可以直接在工具栏上找到,如图 2-7 所示。

图 2-7 菜单编辑

我们为了对比测试,建立了两个菜单,一个是可见的(见图 2-8),另一个是不可见的(见图 2-9),添加菜单栏菜单的程序运行结果如图 2-10 所示。

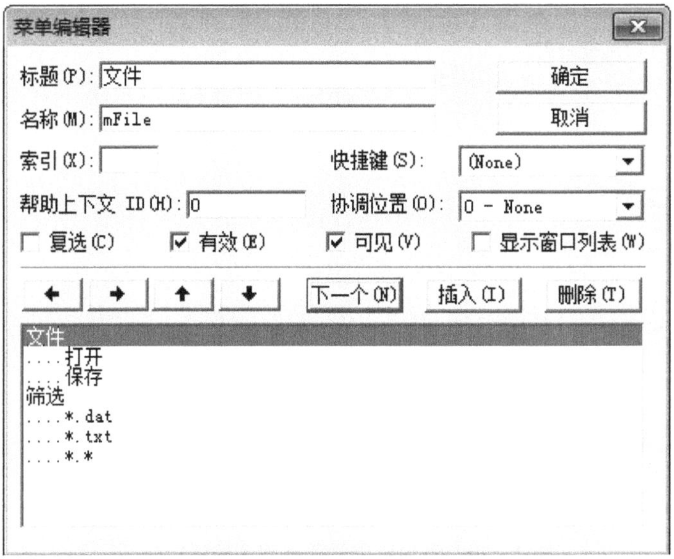

图 2-8 添加菜单栏可见菜单

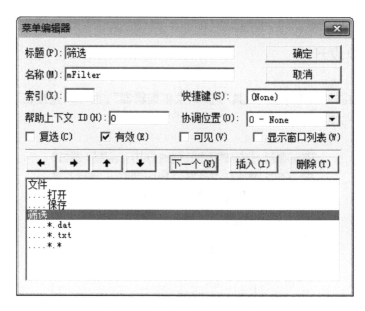

图 2-9　添加弹出式不可见菜单

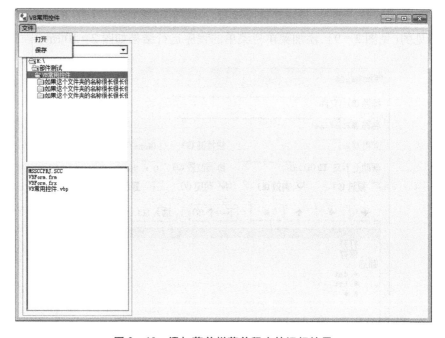

图 2-10　添加菜单栏菜单程序的运行结果

　　首先测试一下这个不可见的菜单如何操作。不可见的菜单主要用于右键弹出式菜单设计。在这个案例中,将这个不可见的菜单作为 FileList 的筛选器。

　　首先,双击 FileList 控件,选择 MouseDown 过程。开始添加如下代码:

```
Private Sub FileList_MouseDown(Button As Integer, Shift As Integer, X As
Single, Y As Single)
        If Button = 2 Then
                Me.PopupMenu Me.mFilter
        End If
End Sub
```

运行结果如图 2 - 11 所示。

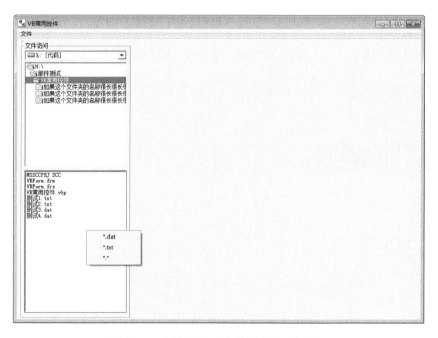

图 2 - 11　增加弹出式菜单的程序运行结果

　　运行该代码仅是把菜单弹出来,菜单里并没有功能。接下来需要在菜单里添加功能。有两种方法可以向菜单添加功能。第一种是直接进入代码编辑区,在部件选择下拉菜单里找到要添加的部件,进入编辑。第二种是返回菜单编辑器,将筛选菜单先显示出来;然后在窗体编辑界面直接单击,进入菜单代码编辑区。这两种方法都可以实现对菜单功能的编码。笔者建议采取第二种方法,在发布的时候将需要隐藏的菜单隐藏起来。

现在我们要对 FileList 里的文件后缀名进行筛选,根据刚才菜单的设置,需要筛选出 dat 文件、txt 文件,以及显示全部文件。

添加代码如下:

```
Private Sub mDatFile_Click( )
    Me.FileList.Pattern = " * .dat"
End Sub
Private Sub mTxtFile_Click( )
    Me.FileList.Pattern = " * .txt"
End Sub
Private Sub mAllFile_Click( )
    Me.FileList.Pattern = " * . * "
End Sub
```

运行后,选择 * .dat 菜单,就出现了如图 2 - 12 所示的效果。

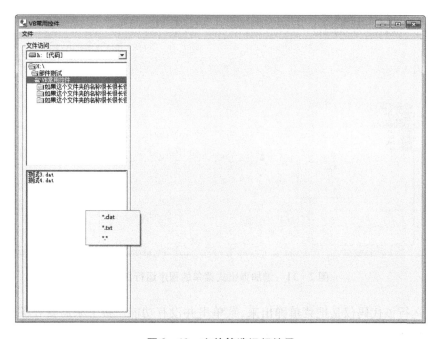

图 2 - 12 文件筛选运行结果

此时虽然把 dat 文件筛选出来,但是在菜单上并没有明显地提示目前的筛选结果。我们现在添加这个功能。在窗体载入的时候,默认勾选显示全部文件

（见图 2 - 13）。修改代码如下：

```
Private Sub Form_Load( )
    Me.mAllFile.Checked = True
End Sub
```

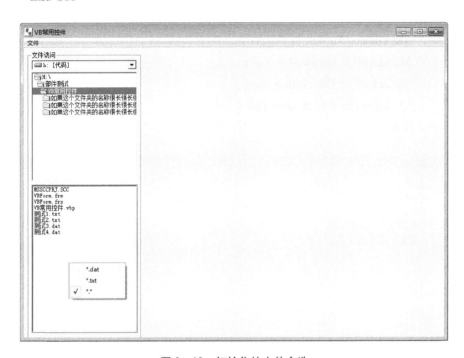

图 2 - 13　初始化的文件全选

在选择显示全部文件时,其勾选状态为真,其他类型文件勾选状态为假。

```
Private Sub mAllFile_Click( )
    Me.FileList.Pattern = " * . * "
    Me.mAllFile.Checked = True
    Me.mTxtFile.Checked = False
    Me.mDatFile.Checked = False
End Sub
```

在选择显示 dat 文件时,其勾选状态为真,其他类型文件勾选状态为假。

```
Private Sub mDatFile_Click( )
    Me.FileList.Pattern = " * .dat"
    Me.mAllFile.Checked = False
    Me.mTxtFile.Checked = False
```

```
    Me.mDatFile.Checked = True
End Sub
```

在选择显示 txt 文件时,其勾选状态为真,其他类型文件勾选状态为假(见图 2 - 14),代码如下:

```
Private Sub mTxtFile_Click()
    Me.FileList.Pattern = " * .txt"
    Me.mAllFile.Checked = False
    Me.mTxtFile.Checked = True
    Me.mDatFile.Checked = False
End Sub
```

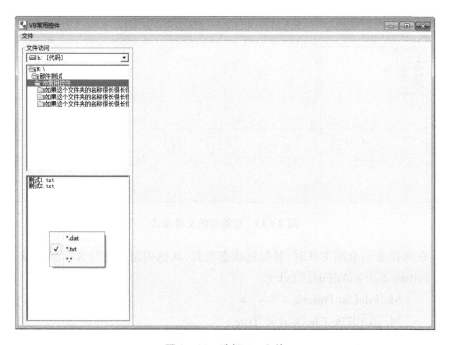

图 2 - 14　选择 **txt** 文件

2.3　图表显示

在日常工作中,经常要进行数据处理、数据分析、数据查看等操作。为此,可采用 3 个控件来演示图表显示:第一个是类似 Excel 图表功能的 MSChart 控件;

第二个是 PictureBox 控件,可直接在图片上绘制曲线;第三个是用于数据显示的 MSFLex 控件。其中,MSChart 控件和 MSFLex 控件并没有在工具栏中,需要手动添加,如图 2 - 15 所示。

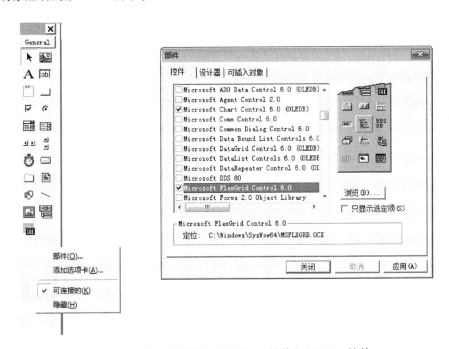

图 2 - 15　在工具栏添加 MSChart 控件和 MSFlex 控件

在 窗 体 布 置 上 添 加 PictureBox、MSChart、MSFlex 控 件,分 别 命 名 为 WorkPic、MyChart 和 DataGrid。其中,添加 MSChart 控件的窗体如图 2 - 16 所示。

下面演示翼型数据的读取和显示。

首先,构造一个翼型数据类型。在工程列表中单击右键,选择添加一个变量模块,命名为 VAR,如图 2 - 17 所示。添加以下代码:

```
Public Type Foil
    Name As String
    NI As Integer
    X( ) As Double
    Y( ) As Double
End Type
```

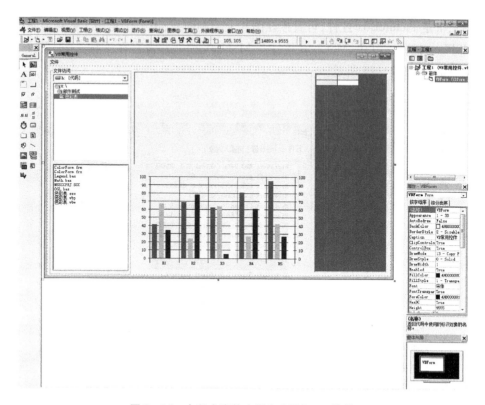

图 2-16　在程序窗体中插入 MSChart 控件

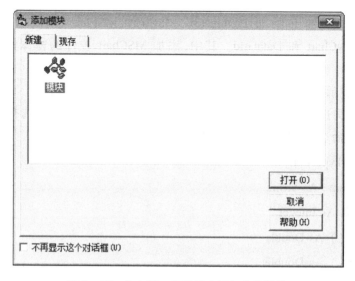

图 2-17　在右侧工程目录中插入变量模块

其次,定义该数据类型的一个变量:

Public MyFoil As Foil

再次,添加关于文件操作的一些变量:

Public TFileName As String

Public TStr As String

在软件开发中,一般使用多个模块来定义不同的变量类型或操作方法,如常规变量定义模块、数学方法模块、过程函数模块等。在大型软件开发中,该定义方式便于实现对相关变量、函数、过程的快速查找、添加、分析、调试。

读取的原始翼型数据来自 Profili 软件,其数据格式如表 2 - 1 所示。第一行为翼型名称;第二行及以后为翼型数据,第一列为 X 坐标,第二列为 Y 坐标。

为了更加合理地管理项目文件,我们在开发目录下建立一个 Foil 文件夹来存放翼型数据文件,再添加一个过程函数模块 Fun,最后添加对翼型数据读取的过程:

表 2 - 1　NACA 0012 翼型数据格式

NACA 0012	
1	0.001 26
0.999 42	0.001 34
0.997 67	0.001 59
0.994 75	0.001 99
0.990 68	0.002 56
0.985 47	0.003 28
0.979 12	0.004 15

```
Public Sub ReadFile(TFileName As String)
    Open TFileName For Input As #1
        Input #1, MyFoil.Name
        i = 1
        Do While Not EOF(1)
            ReDim Preserve MyFoil.X(i) As Double
            ReDim Preserve MyFoil.Y(i) As Double
            Input #1, MyFoil.X(i), MyFoil.Y(i)
            i = i + 1
        Loop
        MyFoil.NI = i - 1
```

```
    Close #1
End Sub
```

第一步,传递一个要打开的翼型数据文件,文件号为1。

第二步,根据格式,第一行是读取翼型数据的名称。

第三步,由于不知道翼型数据文件有多少行、数据点有多少个,因此我们在循环读取的时候用到了 EOF 判断,判断文件是否读取结束。

第四步,在定义翼型数据类型的时候,没有指定 X、Y 变量的个数,翼型数据类型为可变数组类型。因此,在读取数据的过程中可不断增加数组长度。可变数组的定义用 ReDim,ReDim 会构建一个空白的数组。在不断拓展中,希望之前的数据得到保留,因此需要加入 Preserve。

再次回到窗体设计,2.1 节介绍对文件目录的访问。现在我们可以通过双击文件列表来打开文件。双击文件列表 Filelist 控件,进入代码编辑区,在过程下拉菜单里选择 DblClick 事件,开始添加代码。

文件列表 FileList 中的文件所在的目录是已知的,来自 FileList.Path。双击文件列表可获得该文件的索引信息 FileList.ListIndex。文件列表本身就是个数组,通过索引信息可获取文件名称 Me.FileList.List(Me.FileList.ListIndex)。读取翼型数据的代码如下:

```
Private Sub FileList_DblClick( )
    TFileName = Me.FileList.Path +"\" + Me.FileList.List( Me.FileList.
ListIndex)
    Call Fun.ReadFile( TFileName)
    MsgBox "文件读取完毕!", vbOKOnly, "温馨提示"
End Sub
```

读取完毕后,需要把数据显示出来。

首先,用 DataGrid 来显示文本。在窗体的代码编辑区增加一个数据显示的过程:

```
Public Sub DataShow( )
    Me.DataGrid.Clear
    Me.DataGrid.Rows = MyFoil.NI + 1
    Me.DataGrid.Cols = 3
    Me.DataGrid.TextMatrix(0, 0) = "Num"
    Me.DataGrid.TextMatrix(0, 1) = "X"
```

```
Me.DataGrid.TextMatrix(0, 2) = "Y"
For i = 1 To MyFoil.NI
    Me.DataGrid.TextMatrix(i, 0) = i
    Me.DataGrid.TextMatrix(i, 1) = MyFoil.X(i)
    Me.DataGrid.TextMatrix(i, 2) = MyFoil.Y(i)
Next i
End Sub
```

数据显示代码运行结果如图 2 - 18 所示。

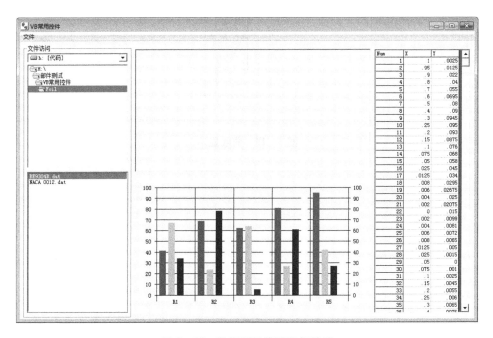

图 2 - 18　数据显示代码运行结果

其次,可以用 MSChart 控件将数据进行图表显示。在默认设置中,MSChart 控件显示的是柱状图。我们可以选中控件,然后单击右键进入样式设计。MSChart 控件的绘图设置同 Excel。设置后的曲线显示如图 2 - 19 所示。

图 2 - 19 中的曲线不是很好看,在控件的属性栏里,可将原始数据删除,调行(Column)和列(Row)的数值,然后删除对应 Data 下的数,其运行结果如图 2 - 20 所示。

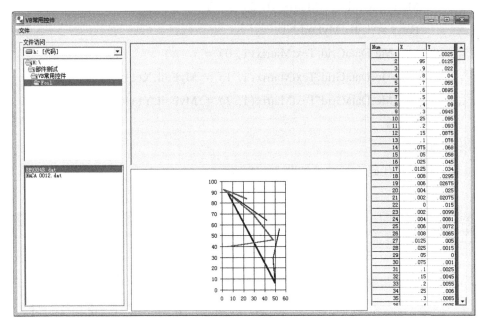

图 2-19 曲线显示

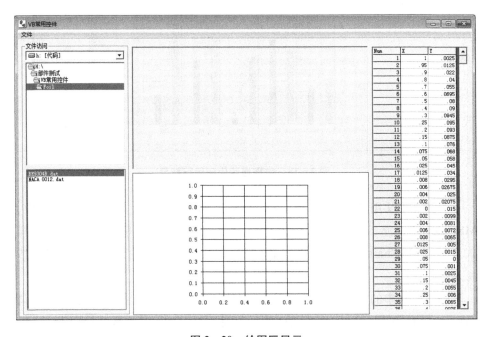

图 2-20 绘图区显示

在大部分关于曲线的显示中,比如实验数据的查看,纵横坐标刻度一致。在 Form_Load( )下添加以下代码:

Me.MyChart.Plot.UniformAxis = False

其运行结果如图 2 - 21 所示。

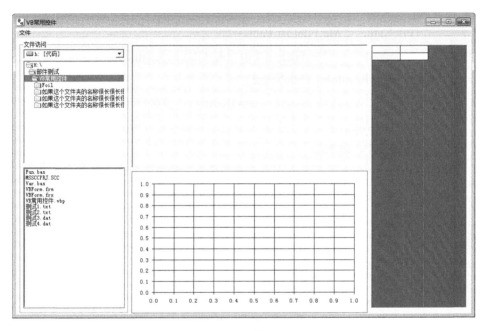

图 2 - 21 调整绘图区

现在添加图形显示的代码。MSChart 控件与 Excel 表类似,因此我们只要设定行数、列数,并逐个在对应的行列位置填入数据即可。代码如下:

```
Public Sub DrawChart( )
    Me.MyChart.RowCount = MyFoil.NI
    Me.MyChart.ColumnCount = 2
    For i = 1 To MyFoil.NI
        Me.MyChart.Row = i
        Me.MyChart.Column = 1
        Me.MyChart.Data = MyFoil.X(i)

        Me.MyChart.Row = i
        Me.MyChart.Column = 2
```

```
        Me.MyChart.Data = MyFoil.Y(i)
    Next i
End Sub
```

双击文件列表,补充绘图代码,启动绘图函数:

```
Private Sub FileList_DblClick()
    TFileName = Me.FileList.Path + " \"_
                + Me.FileList.List(Me.FileList.ListIndex)
    Call Fun.ReadFile(TFileName)
    MsgBox "文件读取完毕!", vbOKOnly, "温馨提示"
    Call DataShow
    Call Me.DrawChart
End Sub
```

其运行结果如图 2 - 22 所示。

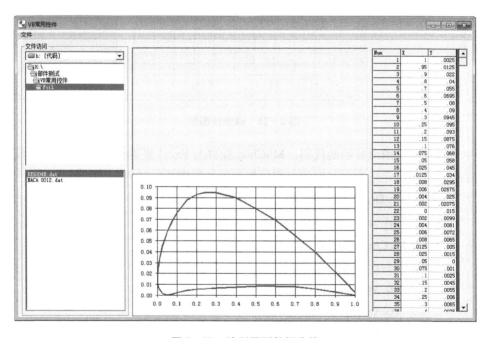

图 2 - 22   绘制翼型数据曲线

图 2 - 22 显示的是几何信息,要求纵横坐标的刻度保持一致。因此,需要将刻度一致关闭的那行代码改为注释。其运行结果如图 2 - 23 所示。

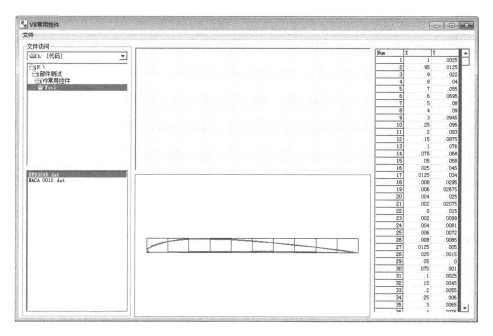

图 2 - 23　调整比例

现在保证了图形显示的纵横刻度的一致。为进一步优化图形,可以手动配置网格。添加如下初始化代码:

```
Public Sub IniChart( )
    Me.MyChart.Plot.Axis( VtChAxisIdX ).ValueScale.Auto = False
    Me.MyChart.Plot.Axis( VtChAxisIdX ).ValueScale.Maximum = 1#
    Me.MyChart.Plot.Axis( VtChAxisIdX ).ValueScale.Minimum = 0
    Me.MyChart.Plot.Axis( VtChAxisIdX ).ValueScale.MajorDivision = 10
    Me.MyChart.Plot.Axis( VtChAxisIdY ).ValueScale.Auto = False
    Me.MyChart.Plot.Axis( VtChAxisIdY ).ValueScale.Maximum = 0.2
    Me.MyChart.Plot.Axis( VtChAxisIdY ).ValueScale.Minimum = −0.2
    Me.MyChart.Plot.Axis( VtChAxisIdY ).ValueScale.MajorDivision = 4
End Sub
```

将这个初始化的过程添加到窗体载入过程,其运行结果如图 2 - 24 所示。显然,图 2 - 24 所示曲线更为协调。

```
Private Sub Form_Load( )
```

```
        Me.mAllFile.Checked = True
        'Me.MyChart.Plot.UniformAxis = False
        Call Me.IniChart
    End Sub
```

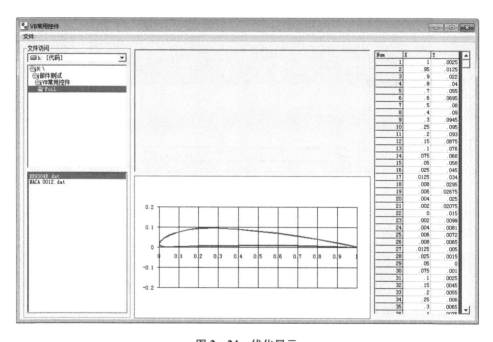

图 2-24 优化显示

现在使用 PictureBox 控件来绘制曲线。绘制原理如下:

(1) 清除绘图区域,并设置底色。

(2) 规定绘图区域的坐标系统,为了使坐标系统的比例与控件比例一致,需要获取控件的高度(height)和宽度(width)属性。

(3) 设置网格颜色,设置网格线的粗细,绘制网格,绘制标注。

(4) 设置曲线颜色,设置曲线粗细,绘制曲线。

返回窗体的代码编辑区,增加 DrawPic( )过程,该过程又细分为两个子过程: 一个是控件的初始化,另一个是曲线的绘制。补充如下代码:

```
Public Sub IniPic()
    Dim DxDy As Double
    Dim OthoX As Double
```

```
Dim OthoY As Double
Dim XNI As Integer
Dim YNI As Integer
Dim YBegin As Double
Dim YEnd As Double

DxDy = Me.WorkPic.Width / Me.WorkPic.Height
OthoX = 1.2
OthoY = OthoX / DxDy

XNI = 10
YNI = Int( OthoY / 0.1)
YBegin = -1 * Int((YNI - 1) / 2) * 0.1
YEnd = -1 * YBegin
YNI = (YEnd - YBegin) / 0.1

Me.WorkPic.Cls
Me.WorkPic.BackColor = vbWhite
Me.WorkPic.Scale (-0.1, OthoY / 2)-(1.1, -OthoY / 2)

Me.WorkPic.ForeColor = vbBlack
Me.WorkPic.DrawWidth = 1
For i = 0 To XNI
    Me.WorkPic.Line (i * 0.1, YBegin)-(i * 0.1, YEnd)
    Me.WorkPic.CurrentX = i * 0.1 - 0.02
    Me.WorkPic.CurrentY = YBegin - 0.02
    Me.WorkPic.Print Format(i * 0.1, "0.0")
Next i
For i = 0 To YNI
    Me.WorkPic.Line (0, YBegin + 0.1 * i)-(1#, YBegin + 0.1 * i)
    Me.WorkPic.CurrentX = -0.08
```

```
        Me.WorkPic.CurrentY = YBegin + 0.1 * i + 0.02
        Me.WorkPic.Print Format(YBegin + 0.1 * i, "0.00")
    Next i
End Sub


Public Sub DrawPoint()
    Me.WorkPic.ForeColor = vbRed
    Me.WorkPic.DrawWidth = 3
    For i = 1 To MyFoil.NI - 1
        Me.WorkPic.Line (MyFoil.X(i), MyFoil.Y(i))-(MyFoil.X(i +
1), MyFoil.Y(i + 1))
    Next i
End Sub
Public Sub DrawPic()
    Call IniPic
    Call DrawPoint
End Sub
```

在文件列表双击事件中补充 PictureBox 控件的绘图代码：

```
Private Sub FileList_DblClick()
    TFileName = Me.FileList.Path + " \"_
    + Me.FileList.List(Me.FileList.ListIndex)
    Call Fun.ReadFile(TFileName)
    MsgBox "文件读取完毕!", vbOKOnly, "温馨提示"
    Call DataShow
    Call Me.DrawChart
    Call Me.DrawPic
End Sub
```

在窗体启动的时候，增加 PictureBox 控件的初始化，即绘制网格。对于直接绘图，需要在 PictureBox 控件属性栏中，将 AutoRedraw 设置为 True，并在窗体载入过程中添加如下代码：

```
Private Sub Form_Load()
```

```
      Me.mAllFile.Checked = True
      'Me.MyChart.Plot.UniformAxis = False
      Call Me.IniChart
      Call Me.IniPic
End Sub
```

其运行结果如图 2 - 25 所示。

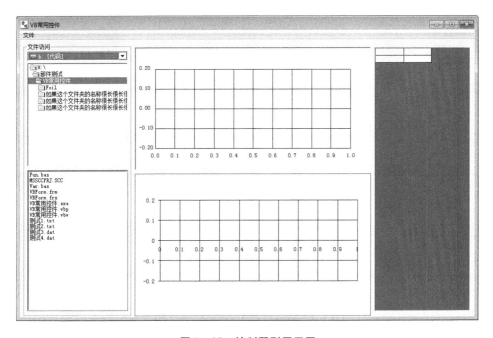

图 2 - 25　绘制翼型显示区

稍微调整一下左右边界,使图 2 - 25 所示的上下两个网格对应起来。修改代码如下:

Me.WorkPic.Scale (-0.13, OthoY / 2)-(1.07, -OthoY / 2)

其运行结果如图 2 - 26 所示。

双击翼型数据文件后,显示如图 2 - 27 所示的运行结果,MSChart 控件绘制的曲线是可以选择的。

本节介绍如何使用 MSChart 控件绘制曲线、使用 PictureBox 控件进行几何显示,并说明了它们的差异。在大部分情况下,MSChart 控件可比较快速地绘制曲线。对于几何显示,就需要在 PictureBox 控件下进行复杂的操作。

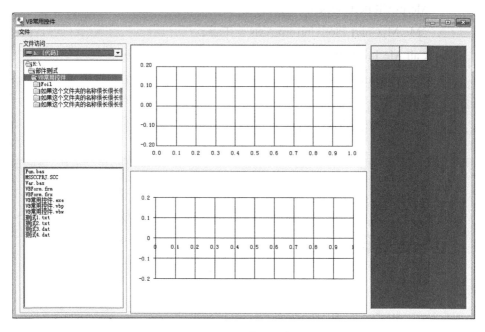

图 2 - 26   调整边界参数

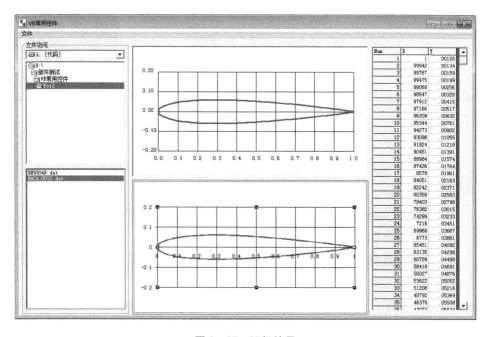

图 2 - 27   运行结果

2.4　通用对话框

通用对话框就是经常使用的、在打开文件和保存文件时候弹出的对话框。但是在工具栏里没有该对话框，需要手动添加。选择 Microsoft Common Dialog Control 6.0，单击确定即可，如图 2 - 28 所示。

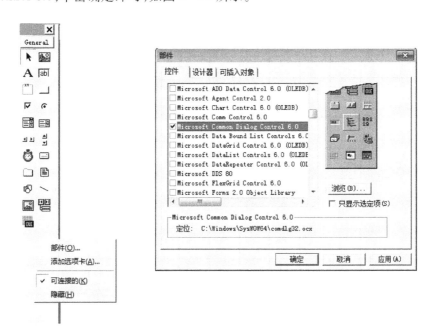

图 2 - 28　添加通用对话框

在菜单小节中，我们设置了文件的"打开"和"保存"菜单。本节将介绍如何使用通用对话框打开和保存文件。要在窗体中添加通用对话框的部件。

首先，保存文件。在这里，我们保存使用 PictureBox 控件绘制的翼型结果。在窗体编辑区，单击"文件"里的"保存"菜单，进入"保存"菜单的代码编辑工作。增加如下代码：

```
Private Sub mSave_Click( )
    Me.CommonDialog.InitDir = App.Path
    Me.CommonDialog.Filter = " * .bmp| * .bmp"
    Me.CommonDialog.ShowSave
    If Me.CommonDialog.FileName <> " " Then
```

```
TFileName = Me.CommonDialog.FileName
Me.CommonDialog.FileName = " "
SavePicture Me.WorkPic.Image, TFileName
MsgBox "文件保存完毕!", vbOKOnly, "谢谢使用"
    End If
End Sub
```

保存的图片文件如图 2－29 所示。

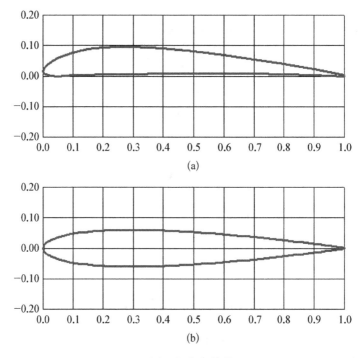

图 2－29　保存图片结果

（a）正视图；（b）俯视图

　　通用对话框除了有打开文件、保存文件的功能外,还包含了颜色对话框。通用对话框用的颜色采用 RGB 颜色,RGB 分别代表红（red）、绿（green）和蓝（blue）。通常,可指定 red、green、blue 的数值,再通过调用 RGB（red，green，blue）函数来实现颜色的定义。其中,red、green、blue 的数值范围都是[0,255],正常的 RGB 颜色的有效范围为 0~16 777 215（&HFFFFFF&）。用十六进制数按照下述语法来指定颜色:&HBBGGRR&,其中,BB 指定蓝色的值,GG 指定绿色的值,RR 指定红色的值。要从一个 RGB 颜色中调取出需要的 red、green、blue

数值,就需要进行与运算。在 Fun 模块中添加如下代码:

```
Public Function RedFromRGB(ByVal rgb As Long) As Integer
    RedFromRGB = & HFF& And rgb
End Function
Public Function GreenFromRGB(ByVal rgb As Long) As Integer
    GreenFromRGB = (& HFF00& And rgb) \ 256
End Function
Public Function BlueFromRGB(ByVal rgb As Long) As Integer
    BlueFromRGB = (& HFF0000 And rgb) \ 65536
End Function
```

现在进行 MSChart 控件下曲线颜色的更换。为简化代码,考虑仅有一条曲线的情况,也就是只有一个 Series,选择曲线调用过程 SeriesSelected 调出颜色对话框,添加如下代码以更换曲线颜色:

```
Private Sub MyChart _ SeriesSelected (Series As Integer, MouseFlags As Integer, Cancel As Integer)
    Dim Red As Integer
    Dim Green As Integer
    Dim Blue As Integer
    Me.CommonDialog.ShowColor
    Red = Fun.RedFromRGB(Me.CommonDialog.Color)
    Green = Fun.GreenFromRGB(Me.CommonDialog.Color)
    Blue = Fun.BlueFromRGB(Me.CommonDialog.Color)

    With Me. MyChart. Plot. SeriesCollection (1). DataPoints (-1). Brush. FillColor
        .Red = Red
        .Green = Green
        .Blue = Blue
    End With
End Sub
```

其运行结果如图 2 - 30 和图 2 - 31 所示。

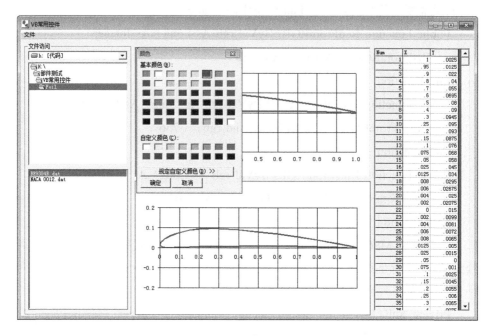

图 2-30　更换颜色操作显示

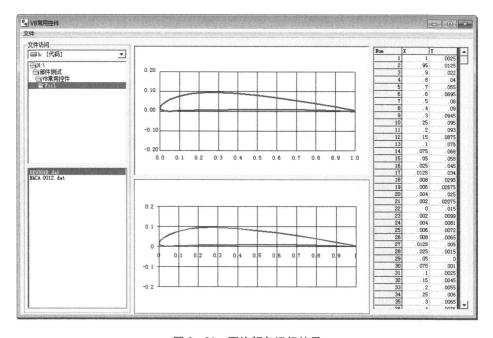

图 2-31　更换颜色运行结果

第3章

OpenGL 入门

本章将进入 OpenGL 的世界,介绍一些基本的 OpenGL 框架和使用。掌握了这些基本知识后,可以使用 OpenGL 进行工具软件的简单开发。

3.1 加载 OpenGL 库

OpenGL 的第三方免费库 Vbogl.TLB,是在 VB 开发环境下使用的。要想使用这个库,首先需要在该工程中添加引用,如图 3 - 1 所示。

图 3 - 1 添加引用

然后点击浏览(见图3-2),导入 OpenGL 库文件,并把应用的内容勾选上(见图3-3)。在 OpenGL 编程中需要引用库,Excel 表格读写、CATIA 文件生成也需要引用库。

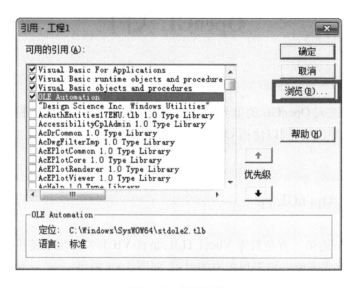

图3-2　引用窗体

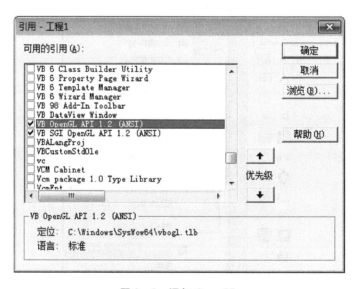

图3-3　添加 OpenGL

为了便于后续内容介绍,对窗体做划分和命名(见图 3 - 4)。

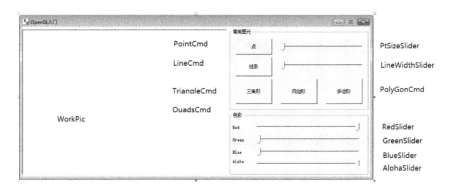

图 3 - 4　案例控件绘制

3.2　启动 OpenGL 和注销 OpenGL

在工程资源管理器窗口中添加一个模块,命名为 OGL。在 OGL 模块中添加代码:

```
Public Sub EnableOpenGL(WorkPic As PictureBox)激活 OGL
    Dim ghDC As Long
    ghDC = WorkPic.hDC
    Dim PixFormat As Long
    Dim pfd As PIXELFORMATDESCRIPTOR
    ZeroMemory pfd, Len(pfd)
    pfd.nSize = Len(pfd)
    pfd.nVersion = 1
    pfd.dwFlags = PFD_DRAW_TO_WINDOW Or PFD_SUPPORT_OPENGL
Or PFD_DOUBLEBUFFER
    pfd.iPixelType = PFD_TYPE_RGBA
    pfd.cColorBits = 24
    pfd.cDepthBits = 32
    pfd.iLayerType = PFD_MAIN_PLANE
```

```
PixFormat = ChoosePixelFormat( ghDC, pfd )
SetPixelFormat ghDC, PixFormat, pfd
hRC = wglCreateContext( ghDC )
wglMakeCurrent ghDC, hRC
End Sub


Public Sub DisableOpenGL( )  '禁用 OGL
    wglMakeCurrent 0, 0
    wglDeleteContext hRC
End Sub
```

以上代码用于启动 OpenGL,直接挪用就可以。在操作过程中,OGL 的激活和禁用没有任何修改和变动。

接下来,在窗体代码中添加启动和注销 OpenGL 的操作代码。在窗体加载的时候,需要增加启动 OpenGL 的操作:

```
Private Sub Form_Load( )
    Call OGL.EnableOpenGL( Me.WorkPic )
End Sub
```

在窗体注销的时候,注销 OpenGL:

```
Private Sub Form_Unload( Cancel As Integer )
    Call DisableOpenGL
End Sub
```

3.3 绘制过程

绘制过程是每次绘图都要调用的过程。在该过程中,可以对绘制的功能进行设置,比如提供光线、是否采用混合、是否裁剪背景;也可以对绘制的坐标进行设置,投影变换等;还可以对绘制的内容进行设置。

根据窗体的设置,建立了如下绘制过程:

```
Public Sub Display( WorkPic As PictureBox )
    glClearColor 1#, 1#, 1#, 0
```

```
glClear clrColorBufferBit
'添加绘制代码
SwapBuffers WorkPic.hDC
End Sub
```

可以看到,在绘制前,用白色将绘图区清除干净。因为每次绘图都会调用这个绘制过程,该绘制过程实际上是不断清除、不断绘制的过程。如果不清除绘图区,绘图区就会变为默认的黑色背景,后续绘制过程会在绘图区叠加,如图 3-5 所示。

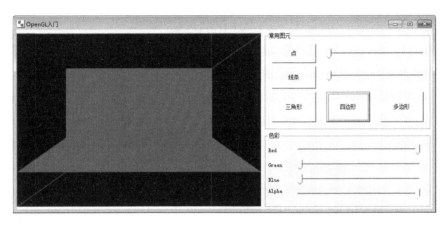

图 3-5　未擦除运行结果

正常的绘制如图 3-6~图 3-8 所示。

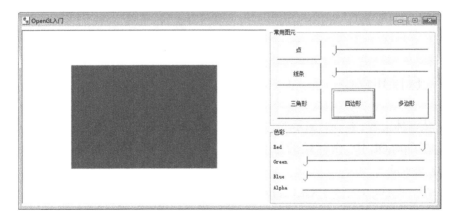

图 3-6　绘制矩形

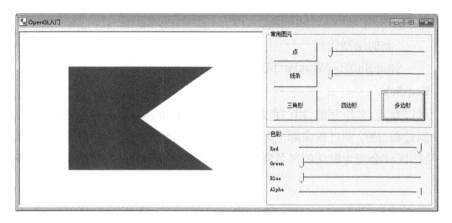

图 3 - 7　绘制多边形

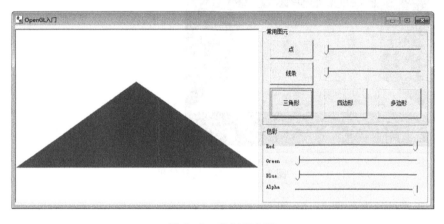

图 3 - 8　绘制三角形

3.4　视窗和投影

从窗体上看,本节要演示的是二维显示,因此需要建立二维坐标系。

在 OpenGL 中,坐标轴的定义同几何学中的定义,左下角处为(0,0),如图 3 - 9 所示。

在二维显示中,使用 GLU.gluOrtho2D 来定义。

在 GLU.gluOrtho2D 中,需要定义绘图区边界的值。比如,将整个绘图区设定为

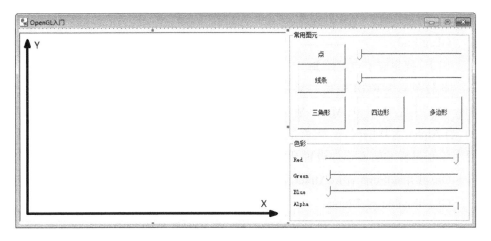

图 3 - 9　投影区坐标

glMatrixMode mmProjection

glLoadIdentity

GLU.gluOrtho2D 0, 1#, 0, 1#

其中,函数 glMatrixMode 和 glLoadIdentity 往往是成对出现的。

3.5　常用图元

常用的图元包括了点、直线、三角形、四边形、多边形等。绘制代码如下:

GL.glBegin 图元类型

　　　顶点坐标

GL.glEnd

绘制点的代码如下:

GL.glBegin bmPoints

　　GL.glVertex2f 0.5, 0.5

GL.glEnd

在绘制点的过程中,还涉及点的属性,包括色彩、大小等:

GL.glPointSize OGL.PtSize

GL.glColor4f Red, Green, Blue, Alpha

GL.glBegin bmPoints

```
GL.glVertex2f 0.5, 0.5
GL.glEnd
```

以上,就完成了点的绘制。

此处色彩为 RGB 模式。其中,Red 的范围为 0~1.0;Green 的范围是 0~1.0;Blue 的范围是 0~1.0;Alpha 是颜色混合,当 Alpha 为 1.0 的时候,颜色是最深的,当 Alpha 为 0 的时候,颜色是最浅的。在 OpenGL 中使用颜色混合模式,需要在绘制过程的前面添加设置开启的代码:

```
GL.glBlendFunc sfSrcAlpha, dfOneMinusSrcAlpha
GL.glEnable glcBlend
```

在后续用到 OpenGL 状态开启的时候,都会用到类似的表述方式。首先定义好状态的模式,然后激活它。

直线、三角形、四边形、多边形的绘制原理与点的绘制原理相同,其绘制代码如下。

直线绘制代码:

```
GL.glLineWidth OGL.LineWidth
GL.glBegin bmLines
    GL.glColor4f Red, Green, Blue, Alpha
    GL.glVertex2f 0#, 0#
    GL.glVertex2f 1#, 1#
GL.glEnd
```

三角形绘制代码:

```
GL.glBegin bmTriangleFan
GL.glColor4f Red, Green, Blue, Alpha
    GL.glVertex2f 0#, 0.2
    GL.glVertex2f 1#, 0.2
    GL.glVertex2f 0.5, 0.7
GL.glEnd
```

四边形绘制代码:

```
GL.glBegin bmQuads
    GL.glColor4f Red, Green, Blue, Alpha
    GL.glVertex2f 0.2, 0.2
```

```
GL.glVertex2f 0.8, 0.2
GL.glVertex2f 0.8, 0.8
GL.glVertex2f 0.2, 0.8
GL.glEnd
```

多边形绘制代码:

```
GL.glBegin bmPolygon
    GL.glColor4f Red, Green, Blue, Alpha
    GL.glVertex2f 0.2, 0.2
    GL.glVertex2f 0.8, 0.2
    GL.glVertex2f 0.5, 0.5
    GL.glVertex2f 0.8, 0.8
    GL.glVertex2f 0.2, 0.8
    GL.glVertex2f 0.2, 0.2
    GL.glEnd
```

3.6　完整代码

在 OGL 的模块顶部,添加公共变量定义:

```
Public ShapeType As Integer
Public Red As Double
Public Green As Double
Public Blue As Double
Public Alpha As Double
Public PtSize As Integer
Public LineWidth As Integer
```

添加绘制过程:

```
Public Sub Display(WorkPic As PictureBox)
    glClearColor 1#, 1#, 1#, 0
    glClear clrColorBufferBit
```

```
GL.glBlendFunc sfSrcAlpha, dfOneMinusSrcAlpha
GL.glEnable glcBlend

glMatrixMode mmModelView
glLoadIdentity
GL.glOrtho 0, 1#, 0, 1#, -1#, 1#

Select Case ShapeType
    Case 1: '点
    GL.glPointSize OGL.PtSize
    GL.glColor4f Red, Green, Blue, Alpha
    GL.glBegin bmPoints
    GL.glVertex3f 0.5, 0.5, 0#
    GL.glEnd
    Case 2: '线
    GL.glLineWidth OGL.LineWidth
    GL.glBegin bmLines
    GL.glColor4f Red, Green, Blue, Alpha
    GL.glVertex3f 0#, 0#, 0#
    GL.glVertex3f 1#, 1#, 0#
    GL.glEnd
    Case 3: '三角形
    GL.glBegin bmTriangleFan
    GL.glColor4f Red, Green, Blue, Alpha
    GL.glVertex3f 0#, 0.2, 0#
    GL.glVertex3f 1#, 0.2, 0#
    GL.glVertex3f 0.5, 0.7, 0#
    GL.glEnd
    Case 4: '四边形
    GL.glBegin bmQuads
    GL.glColor4f Red, Green, Blue, Alpha
```

```
    GL.glVertex2f 0.2, 0.2
    GL.glVertex2f 0.8, 0.2
    GL.glVertex2f 0.8, 0.8
    GL.glVertex2f 0.2, 0.8
    GL.glEnd
    Case 5：'多边形
    GL.glBegin bmPolygon
    GL.glColor4f Red, Green, Blue, Alpha
    GL.glVertex2f 0.2, 0.2
    GL.glVertex2f 0.8, 0.2
    GL.glVertex2f 0.5, 0.5
    GL.glVertex2f 0.8, 0.8
    GL.glVertex2f 0.2, 0.8
    GL.glVertex2f 0.2, 0.2
    GL.glEnd
  End Select
    SwapBuffers WorkPic.hDC
End Sub
```

双击点的按钮,添加以下代码:

```
Private Sub PointCmd_Click()
    GL.ShapeType = 1
    Call OGL.Display(Me.WorkPic)
End Sub
```

以此类推,补充完整直线、三角形、四边形、多边形的绘制命令代码,类型依次为 2、3、4、5。

在窗体中,设计色彩设置和 Alpha 值设置的控件。为了使代码简洁,可以进入窗体代码区,增加一个代码如下的过程。滑块的最大值设置为 100,最小值设置为 0。

```
Public Sub IniColor()
    Red = Me.RedSlider.Value / 100
    Green = Me.GreenSlider.Value / 100
    Blue = Me.BlueSlider.Value / 100
```

Alpha = Me.AlphaSlider.Value / 100
End Sub

回到窗体,双击颜色 Red 的滑块,添加如下代码:

Private Sub RedSlider_Scroll( )
Call Me.IniColor
Call OGL.Display(Me.WorkPic)
End Sub

以此类推,双击 Green 滑块、Blue 滑块、Alpha 滑块,分别添加代码。

关于点的大小滑块和线的宽度滑块的设置,点的大小没有限制,而线宽最大值为 10。设置好滑块后,进入如下的代码编写:

Private Sub PtSizeSlider_Scroll( )
OGL.PtSize = Me.PtSizeSlider.Value
Call OGL.Display(Me.WorkPic)
End Sub

Private Sub LineWidthSlider_Scroll( )
OGL.LineWidth = Me.LineWidthSlider.Value
Call OGL.Display(Me.WorkPic)
End Sub

运行结果如图 3-10 所示。

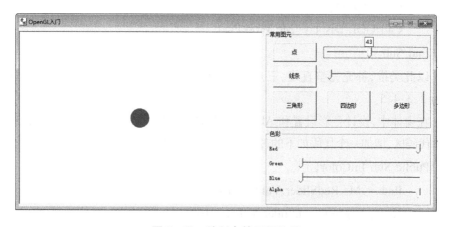

图 3-10 绘制点的运行结果

3.7　填充色彩

在之前的代码中,三角形是统一填充了 RGB 的混合色彩,显示的是单一颜色,如图 3-11 所示。在日常工作中,特别是进行云图显示的时候,要网格单位呈现出光滑过渡的渐变色彩,只需在每个顶点处进行不同色彩的赋值。

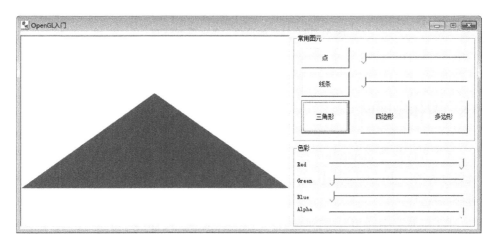

图 3-11　纯色填充

对三角形的绘制代码进行如下修改:

```
GL.glBegin bmTriangleFan
    GL.glColor4f Red, 0, 0, Alpha
    GL.glVertex3f 0#, 0.2, 0#
    glColor4f 0, Green, 0, Alpha
    L.glVertex3f 1#, 0.2, 0#
    GL.glColor4f 0, 0, Blue, Alpha
    L.glVertex3f 0.5, 0.7, 0#
GL.glEnd
```

左下顶点设计为红色,右下顶点为绿色,顶上顶点为蓝色。运行结果如图3-12所示(彩图见附录)。

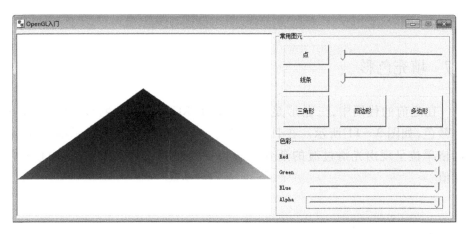

图 3 - 12　颜色的混合三角形渐变填充

3.8　窗体绘图区

3.7 节将整个 PictureBox 控件的显示区作为绘图区域。现在将这个绘图区域划分为四个小区域。其中,左上角显示点和线条,其他角依次显示三角形、四边形、多边形。

此时,需要用到 glViewport 函数。该函数定义了绘图区在显示控件的位置。首先定义两个变量 Dx 和 Dy 来显示控制区的坐标值:

```
Public Sub Display(WorkPic As PictureBox)

    Dim Dx As Double
    Dim Dy As Double

    Dx = WorkPic.ScaleWidth / 2
    Dy = WorkPic.ScaleHeight / 2
```

然后,在每个图元绘制前,添加显示区域控制。

点和线条位置：GL.glViewport 0, Dy, Dx, Dy。

三角形位置：GL.glViewport Dx, Dy, Dx, Dy。

四边形位置：GL.glViewport 0, 0, Dx, Dy。

多边形位置：GL.glViewport Dx, 0, Dx, Dy。

下面以点的绘制为例,详细介绍代码。其他图元以此类推。

GL.glViewport 0，Dy，Dx，Dy

GL.glPointSize OGL.PtSize

GL.glColor4f Red，Green，Blue，Alpha

GL.glBegin bmPoints

GL.glVertex3f 0.5，0.5，0#

GL.glEnd

点、线条、三角形、四边形、多边形绘制代码运行结果如图 3 - 13~图 3 - 17 所示。

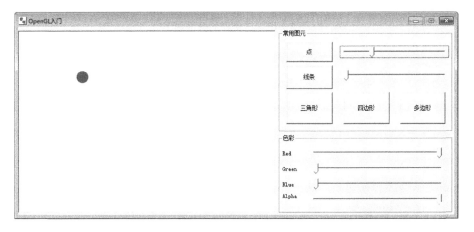

图 3 - 13　点的分区显示

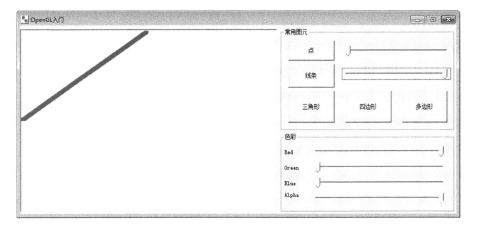

图 3 - 14　线条的分区显示

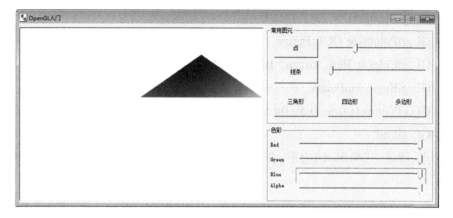

图 3 – 15   三角形的分区显示

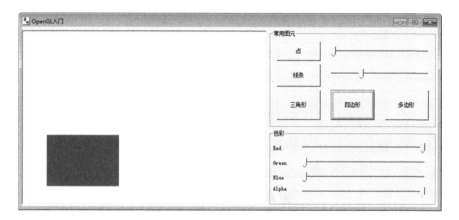

图 3 – 16   四边形的分区显示

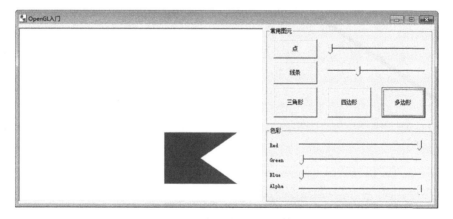

图 3 – 17   多边形的分区显示

上述代码实现了点、线条、三角形、四边形、多边形的独立显示,如果要全部显示各图元,以 Case 3 为例,只需在绘图过程中,将 Case 3、Case 4、Case 5 注释掉。

注释如下:

'Case 3: 'Triangle

注释后的运行结果如图 3-18 所示。

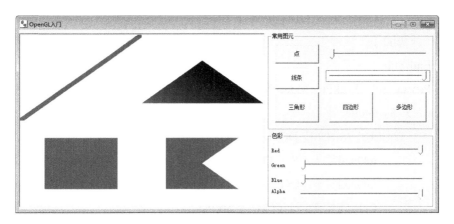

图 3-18 全部显示

3.9 平移

在进行平移操作前,将代码恢复到最早的状态。切记,在代码编写过程中,对于不用的代码,最好使用注释而不是删除。虽然这样可能增加代码的阅读难度,但便于回溯。

接下来进行平移操作。平移操作的逻辑是,按下鼠标可获得当前鼠标的指针位置;在移动鼠标的过程中,可不断地获得鼠标指针的位置;减去鼠标移动的差量,即获得移动数据;松开鼠标后,平移操作停止。

首先,需要定义鼠标操作的变量:

Public PICT_OLD_X As Integer, PICT_OLD_Y As Integer

Public LEFT_MOUSE_DOWN As Boolean, MIDDLE_MOUSE_DOWN As Boolean

Public mQuadX As GLfloat, mQuadY As GLfloat

然后,在窗体布置中双击工作区 WorkPic 控件,进入代码编辑区,添加下列代码:

```
Private Sub WorkPic_MouseDown(Button As Integer, Shift As Integer, X As
Single, Y As Single)
    If Button = 1 Then
        LEFT_MOUSE_DOWN = True
        OGL.PICT_OLD_X = X
        OGL.PICT_OLD_Y = Y
    End If
End Sub
Private Sub WorkPic_MouseMove(Button As Integer, Shift As Integer, X As
Single, Y As Single)
    If LEFT_MOUSE_DOWN = True Then
        mQuadX = (X - OGL.PICT_OLD_X) / Me.WorkPic.ScaleWidth
        mQuadY = (OGL.PICT_OLD_Y - Y) / Me.WorkPic.ScaleHeight
        Call OGL.Display(Me.WorkPic)
    End If
End Sub
Private Sub WorkPic_MouseUp(Button As Integer, Shift As Integer, X As
Single, Y As Single)
    If Button = 1 Then
        LEFT_MOUSE_DOWN = False
    End If
End Sub
```

注意,mQuadY =（OGL.PICT_OLD_Y - Y）/ Me.WorkPic.ScaleHeight。在 OpenGL 的坐标系中,左下角为(0,0);而在窗体坐标系中,(0,0)是位于左上角。此外,之前将坐标范围定义为(0,0)到(1,1),相应地,鼠标在 PictureBox 中的位置需要进行转换,并进行归一化,以将窗体坐标与 OpenGL 坐标对应起来。

最后,在 Display 函数中,在设置绘图坐标系后添加以下代码:

```
glMatrixMode mmProjection
glLoadIdentity
GLU.gluOrtho2D 0, 1, 0, 1
GL.glTranslatef mQuadX, mQuadY, mQuadZ
```

平移运行结果如图 3 - 19 所示。

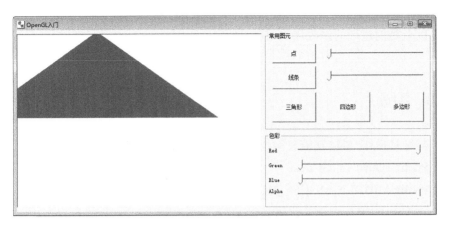

图 3 - 19　平移运行结果

以上代码实现了单次平移。但是,在下次平移的时候,mQuadX 和 mQuadY 初始值为 0,即再次回到初始位置。如何在下次单击的时候保留上次停留的位置? 我们可以在鼠标 MouseDown 事件中添加以下代码:

Private Sub WorkPic_MouseDown(Button As Integer, Shift As Integer, X As Single, Y As Single)

```
If Button = 1 Then
    LEFT_MOUSE_DOWN = True
    OGL.PICT_OLD_X = X − mQuadX ∗ Me.WorkPic.ScaleWidth
    OGL.PICT_OLD_Y = Y + mQuadY ∗ Me.WorkPic.ScaleHeight
End If
```

End Sub

以上代码存在一个逻辑缺漏:在当前绘制三角形时,三角形的移动位置属于三角形,而不是其他图元,比如四边形、多边形。因此,在绘制其他图元的时候,需要对 mQuadX 和 mQuadY 进行一次初始化。在命令按钮下修改代码:

Private Sub QuadsCmd_Click( )

```
    mQuadX = 0
    mQuadY = 0
    OGL.ShapeType = 4
```

Call OGL.Display(Me.WorkPic)

End Sub

以上是四边形的修改代码,其他图元以此类推。

3.10 缩放

与平移操作一样,在缩放操作中需要先定义缩放的变量:

Public sQuad As GLfloat

Public MIDDLE_MOUSE_DOWN As Boolean

在 VB 中,鼠标中键的代码是 4。

Private Sub WorkPic_MouseDown(Button As Integer, Shift As Integer, X As Single, Y As Single)

    If Button = 1 Then

        LEFT_MOUSE_DOWN = True

        OGL.PICT_OLD_X = X − mQuadX ∗ Me.WorkPic.ScaleWidth

        OGL.PICT_OLD_Y = Y + mQuadY ∗ Me.WorkPic.ScaleHeight

    End If

    If Button = 4 Then

        OGL.MIDDLE_MOUSE_DOWN = True

        PICT_OLD_X = X

        PICT_OLD_Y = Y

    End If

End Sub

其次,在鼠标移动事件中添加以下代码:

Private Sub WorkPic_MouseMove(Button As Integer, Shift As Integer, X As Single, Y As Single)

    If LEFT_MOUSE_DOWN = True Then

        mQuadX = (X − OGL.PICT_OLD_X) / Me.WorkPic.ScaleWidth

        mQuadY = (OGL.PICT_OLD_Y − Y) / Me.WorkPic.ScaleHeight

        Call OGL.Display(Me.WorkPic)

    End If

```
        If OGL.MIDDLE_MOUSE_DOWN Then
            YY = (PICT_OLD_Y – Y) / Me.WorkPic.ScaleHeight
            OGL.sQuad = OGL.sQuad * (1 – YY)
            PICT_OLD_Y = Y
            Call OGL.Display(Me.WorkPic)
        End If
    End Sub
```

再次,在鼠标释放事件中添加以下代码:

```
Private Sub WorkPic_MouseUp(Button As Integer, Shift As Integer, X As
Single, Y As Single)
        If Button = 1 Then
            LEFT_MOUSE_DOWN = False
        End If
        If Button = 4 Then
            OGL.MIDDLE_MOUSE_DOWN = False
        End If
    End Sub
```

最后,在 Display 函数中,在设置绘图坐标系后添加以下代码:

```
glMatrixMode mmProjection
glLoadIdentity
GLU.gluOrtho2D 0, 1, 0, 1
GL.glTranslatef mQuadX, mQuadY, mQuadZ
GL.glScalef sQuad, sQuad, 0#
```

与平移不同,缩放比例初始值为 1。因此需要在窗体启动的时候对 sQuad
进行赋值。

```
Private Sub Form_Load()
        sQuad = 1
        Call Me.IniColor
        Call OGL.EnableOpenGL(Me.WorkPic)
    End Sub
```

缩放运行结果如图 3 − 20 所示。

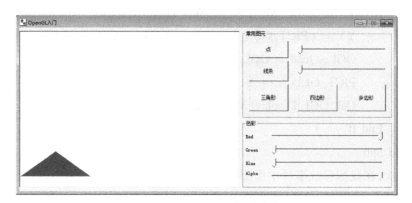

图 3 − 20　缩放运行结果

3.11　光源和材质

光源和材质的操作比较复杂,在大部分开发中不会遇到,在这里仅做简单介绍。

首先,在绘制图形前,需要开启光源。

GL.glEnable glcLight0

GL.glEnable glcLighting

光源开启运行结果如图 3 − 21 所示。

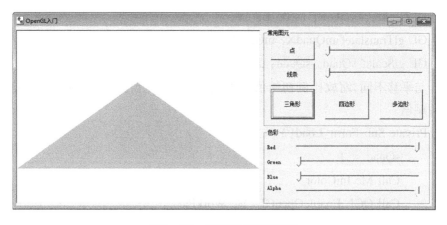

图 3 − 21　光源开启运行结果

在 OpenGL 中,灯光默认为黑色,其显示结果为灰色。

Dim Amb(4) As GLfloat

Amb(1) = 0

Amb(2) = 0

Amb(3) = 0

Amb(4) = 1

GL.glLightfv ltLight0, lpmAmbient, Amb(1)

GL.glEnable glcLight0

GL.glEnable glcLighting

在以上代码中,增加了白光的环境光。VB 语言没有指针的概念,其对全数组的引用只需使用第一个数组序号。白光运行结果如图 3-22 所示,什么都没有显示。

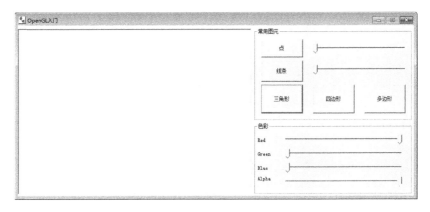

图 3-22　白光运行结果

物体表面的色彩是环境光和物体相互作用的结果。因此,我们需要增加物体表面的材质。当物体表面颜色或者是物体面太多的时候,指定材质变得很困难。此时可以采用一个简单的办法:颜色跟踪。

我们添加以下代码:

GL.glEnable GL.GL_COLOR_MATERIAL

GL.glColorMaterial faceFrontAndBack, cmmAmbientAndDiffuse

其运行结果如图 3-23 所示。

颜色跟踪后的运行结果与未使用颜色跟踪的运行结果并没有区别。可以读取一个基于 STL 文件格式的三维数学模型,然后设置三维显示,就出现了如图 3-24 和图 3-25 所示的显示效果。

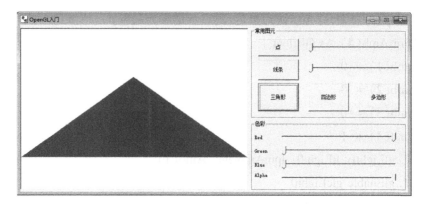

图 3 - 23　颜色跟踪运行结果

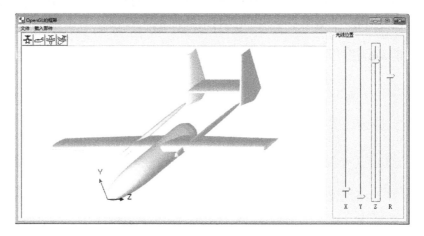

图 3 - 24　模型读取调整光源

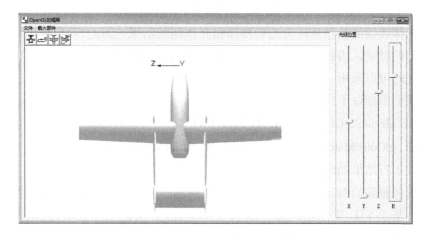

图 3 - 25　不同方位的展示及光源调整

第 4 章

OpenGL 进阶

第 3 章介绍了 OpenGL 库的加载及一些简单操作。本章将进一步介绍更高阶的 OpenGL 内容。

4.1 投影变换

在第 3 章中,用到了 GLU.gluOrtho2D 来定义二维显示。在三维显示中需要用到投影的概念。对于计算机屏幕来说,三维物体实际还是以二维平面的形式在显示,因此需要对三维物体进行二维投影变换。变换的方式有透视投影和正投影两种。透视投影与日常生活中看物体一样,同样大小的物体,近处看,大一些;远处看,小一些。而正投影则没有这样的效果,物体的远近显示都一样。在计算机辅助设计软件开发中,我们不希望视景的远近对物体尺寸、角度等产生显示偏差,因此往往会采用正投影的方式。正投影的创建函数是 GL.glOrtho(GLdouble left, GLdouble right, GLdouble bottom, GLdouble top, GLdouble near, GLdouble far)。图 4 - 1 为程序运行案例,投影后的视景并没有随着位置的远近而发生变化。GL.glOrtho 函数的参数如图 4 - 1 所示。

在二维投影中的 GLU.gluOrtho2D 函数,实际上是将 GL.glOrtho 函数中的值设置为-1.0,far 值设置为 1.0。二维物体的 Z 坐标为 0,因此物体就会在投影区中显示完全。

图 4 - 2 用到 3 个视图区,包括主视图区、图例示图区、标尺视图区,其中,显示飞机本体的为主视图区,3 个视图区全部为正投影,3 个前向的 near 值都是一致的。在绘制图例与标尺图形时,其 Z 坐标为 near 值,保证了左侧的图例示图区与底下的标尺视图区能够在飞机本体前面显示。

在绘制图 4 - 2 的子绘图区时,如果采用 GLU.gluOrtho2D 则可能出现主绘

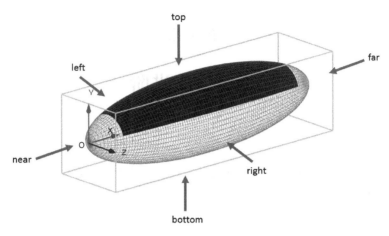

图 4 - 1　正投影示意图

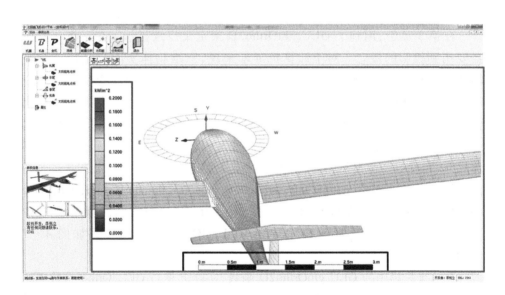

图 4 - 2　3 个视图区

图区对子绘图区的遮蔽(见图 4 - 3 圆圈部分)。对圆圈部分依次采用 GLU.
gluOrtho2D 与 GL. glOrtho 不同的投影函数可避免该遮蔽(见图 4 - 4 圆圈
部分)。

　　在做旋转缩放的时候,这个投影区域也要跟着发生变化以保证旋转投影的
剪切区域正常显示。此时需使用动态的正投影代码:

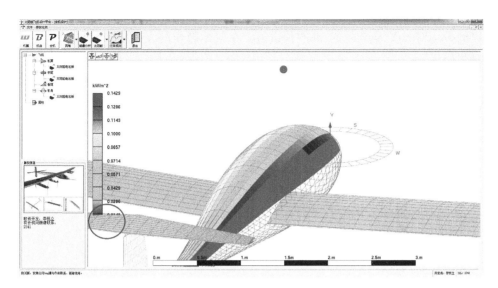

图 4 - 3　图例区被遮蔽

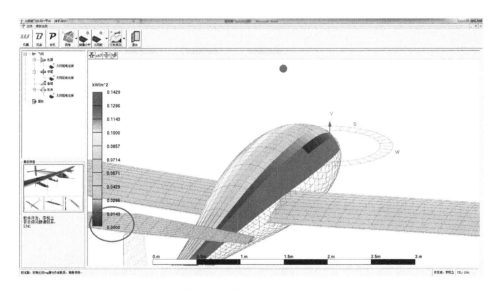

图 4 - 4　图例区没有被遮蔽

glOrtho -POthoX - PmQuadX, POthoX - PmQuadX, _

　　-POthoY - PmQuadY, POthoY - PmQuadY, _

　　-POthoX ∗ PsQuad ∗ 2# - PmQuadZ, _

　　POthoY ∗ PsQuad ∗ 2# - PmQuadZ

其中,PmQuadX、PmQuadY、PmQuadZ 是移动变化量,PsQuad 是缩放的调整量,POthoX、POthoY 是坐标宽、高的预设值。在鼠标操作的介绍中会给出相应的处理代码。

从图 4-5 和图 4-6 可以看出,图例显示(左侧)不随物体的缩放而变化,标尺显示(底下)随着物体的变化而改变。

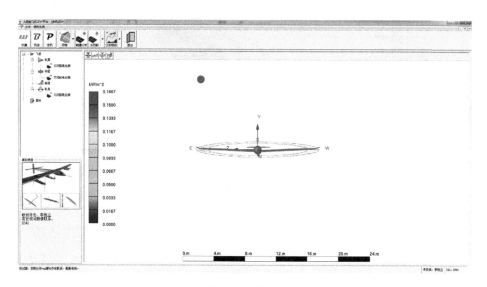

图 4-5　缩小

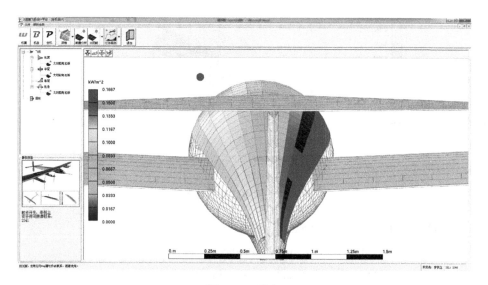

图 4-6　放大

图例投影代码如下：

```
GL.glGetIntegerv glgViewport, MyViewPort(1)
glMatrixMode mmModelView
glLoadIdentity
GL.glViewport 20, 100, 100, MyViewPort(4) - 200
glMatrixMode mmProjection
glLoadIdentity
GL.glOrtho 0, 100, -10, 100, -POthoX, POthoX
```

上述代码中，首先需要定义一个整数型变量数组 MyViewPort( )，通过 GL.glGetIntegerv 函数获取显示区域的尺寸信息。在 VB 中，没有指针的概念，因此把数组的第一个索引作为变量代入函数就能返回整个数组值。然后需要为 GL.glViewport 函数定义一个显示区域，再在显示区域中定义投影区域。

GL.glGetIntegerv 函数可获取状态的值，我们选择的是获取显示尺寸，即 glgViewport，然后显示尺寸就填充到了 MyViewPort( ) 数组中。其中，MyViewPort(1) 是显示区域 X 轴原点坐标，MyViewPort(2) 是 Y 轴原点坐标，MyViewPort(3) 是宽度，MyViewPort(4) 是高度。GL.glGetIntegerv 函数获取的是主视图区的显示信息，其中 MyViewPort(1)、MyViewPort(2) 都为 0。通过 GL.glViewport 20,100,100,MyViewPort(4)-200，与主显示区交联。

标尺区绘制代码如下：

```
Public Sub MeterLegend( )
    glMatrixMode mmModelView
    glLoadIdentity
    GL.glViewport 0, 0, MyViewPort(3), 50
    glMatrixMode mmProjection
    glLoadIdentity
    GL.glOrtho -POthoX, POthoX, 0, 100, -POthoX, POthoX

    Dim Dx As Double
    Dim Dt As Double
    Dim DD As Double
    '标尺区随主视图区尺寸变化而变化,其中 MLX 初始值为 1。
```

```
DD = (1 / MLX) * PsQuad
If DD * 4 >= POthoX Then
    MLX = MLX * 2
End If
If DD * 4 <= POthoX * 0.5 Then
    MLX = MLX * 0.5
End If
DD = (1 / MLX) * PsQuad


For i = 1 To 6
    t = i Mod 2
    GL.glBegin bmLineStrip
        GL.glColor3f 0#, 0#, 0#
        GL.glVertex3f (i - 1) * DD - 3 * DD, 10, POthoX
        GL.glVertex3f (i - 1) * DD - 3 * DD, 50, POthoX
        GL.glVertex3f (i) * DD - 3 * DD, 50, POthoX
        GL.glVertex3f (i) * DD - 3 * DD, 10, POthoX
        GL.glVertex3f (i - 1) * DD - 3 * DD, 10, POthoX
    GL.glEnd
    '填充标尺区的正方形部分,隔一个框填充黑色。
    GL.glBegin bmQuads
        GL.glColor3f 1 * t, 1 * t, 1 * t
            GL.glVertex3f (i - 1) * DD - 3 * DD, 10, POthoX
            GL.glVertex3f (i) * DD - 3 * DD, 10, POthoX
            GL.glVertex3f (i) * DD - 3 * DD, 50, POthoX
            GL.glVertex3f (i - 1) * DD - 3 * DD, 50, POthoX
    GL.glEnd
Next i
'绘制标尺区的字符
For i = 0 To 6
    GL.glPushMatrix
```

```
GL.glRasterPos3f i * DD - 3 * DD, 60, POthoX
TStr = Format(1 / MLX * i, "0.####") + "m"
GL.glColor3f 0#, 0#, 0#
For j = 1 To Len(TStr)
    GLUT.glutBitmapCharacter
GLUT.GLUT_BITMAP_HELVETICA_18, Asc(Right(Left(TStr, j), 1))
Next j
GL.glPopMatrix
    Next i
End Sub
```

4.2　坐标轴绘制

在三维显示中,坐标轴可以更好地指示相对位置。OpenGL 没有专用的函数来绘制坐标轴,需要添加代码来绘制这个坐标轴。

坐标轴由 3 个部分构成:轴线、箭头、坐标符号。其中,箭头由锥体跟球体组合而成(见图 4－7)。

图 4－7　坐标轴

轴线用直线来绘制:

```
GL.glBegin bmLines
'添加代码
GL.glEnd
```

箭头绘制采用的是 OpenGL 的自带函数:

GLUT.glutSolidCone(base as GLdouble, height as GLdouble, slices as Glint, stacks as GLint)'锥体函数

GLUT.glutSolidSphere(raidus as GLdouble, slices as Glint, stacks as GLint)'球体函数

其中 slices 是环绕 Z 轴的剖面个数,stacks 是沿着 Z 轴的剖面个数,两者可以设置为一样,剖面个数多则显示更加细腻。图 4－8 将 Z 轴箭头的剖面个数分别设置为 1、2、4,分别对应的是不显示、平面、立体。

定义基本尺寸的代码:

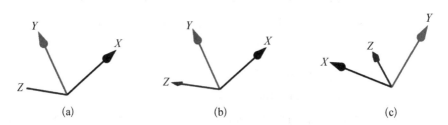

图 4-8　不同剖面个数的坐标箭头显示效果

（a）剖面个数为 1；（b）剖面个数为 2；（c）剖面个数为 3

$$AxisBL = POthoX / (msQuad) / 5 \quad '坐标轴长度$$

$$AxisL = AxisBL / 4 \quad '锥体高度$$

$$AxisD = AxisBL / 14 \quad '球体直径$$

其中 POthoX、msQuad 的定义见 4.1 节，$AxisBL = POthoX/ (msQuad) / 5$ 代表无论如何缩放，轴的长度保持固定，即坐标轴保持不变，如图 4-9 和图 4-10 所示。被除数 5 用于调节坐标轴的长度，可以根据显示区的大小、个人的显示习惯等进行设置。同样，锥体高度、球体直径都是基于坐标轴的长度，可根据显示效果进行调节。

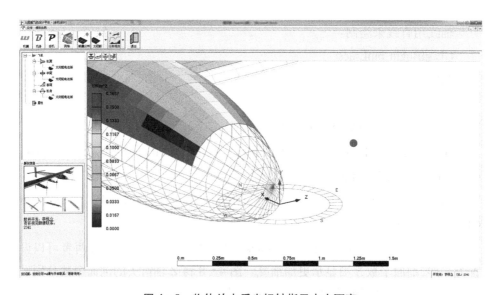

图 4-9　物体放大后坐标轴指示大小不变

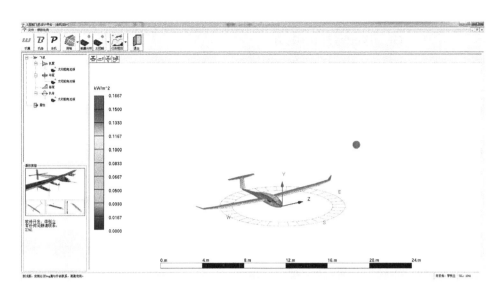

图 4－10　物体缩小后坐标轴指示大小不变

坐标轴轴线及箭头绘制代码：

GL.glLineWidth 3 '设置线宽

'X 轴

GL.glPushMatrix

　　GL.glColor3f 0#, 0#, 0#

　　GL.glBegin bmLines

　　　　GL.glVertex3f 0, 0, 0

　　　　GL.glVertex3f AxisBL, 0, 0

　　GL.glEnd

　　　　GL.glRotatef 90, 0, 1, 0

　　　　GL.glTranslatef AxisBL, 0, 0

　　　　GLUT.glutSolidCone AxisD, AxisL, 21, 21

　　　　GLUT.glutSolidSphere AxisD, 21, 21

GL.glPopMatrix

'Y 轴

GL.glPushMatrix

　　GL.glColor3f 1#, 0#, 0 #'红色

```
GL.glBegin bmLines
    GL.glVertex3f 0, 0, 0
    GL.glVertex3f 0, AxisBL, 0
GL.glEnd
    GL.glRotatef 90, -1, 0, 0
    GL.glTranslatef 0, AxisBL, 0
    GLUT.glutSolidCone AxisD, AxisL, 21, 21
    GLUT.glutSolidSphere AxisD, 21, 21
GL.glPopMatrix
' Z轴
GL.glPushMatrix
    GL.glColor3f 0#, 0#, 1#
    GL.glBegin bmLines
        GL.glVertex3f 0#, 0#, 0#
        GL.glVertex3f 0, 0, AxisBL
    GL.glEnd
        GL.glRotatef 90, 0, 0, 1
        GL.glTranslatef 0, 0, AxisBL
        GLUT.glutSolidCone AxisD, AxisL, 21, 21
        GLUT.glutSolidSphere AxisD, 21, 21
GL.glPopMatrix
```

上述代码中出现了两个函数：GL.glRotatef(angle as GLfloat, *x* as GLfloat, *y* as GLfloat, *z* as GLfloat), 用于物体的转动；GL.glTranslatef(*x* as GLfloat, *y* as GLfloat, *z* as GLfloat), 用于物体的平移。

坐标轴箭头的绘制都需要经过转动。这是因为图形绘制的默认面是 *XY* 平面, 高度的坐标轴是 *Z* 轴, 如图 4 - 11 所示的锥体。对于 *X* 轴的箭头来说, 需要锥体绕 *Y* 轴旋转 90°。根据右手定理, 绕 *Y* 轴转动为正向, 为 1。*Y* 轴箭头锥体则是绕 *X* 轴负向转动, 为 -1。至于 *Z* 轴为何也要旋转, 其实是为了代码的统一性。对 3 个轴来说, 平移都是沿着坐标轴正向的移动, 所以数值为正。

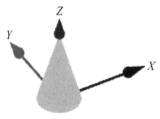

图 4 - 11 锥体的直接绘制

4.3　鼠标操作

在鼠标操作中,首先定义:

（1）按下鼠标左键的时候,视图区的物体做平移变化,鼠标的指针变为四向尺寸线（vbSizeAll）,鼠标键值为 1。

（2）按下滚轮的时候,视图区的物体做缩放变化,鼠标的指针变为垂直尺寸线（vbSizeNS）,鼠标键值为 4。

（3）按下鼠标右键的时候,视图区的物体做旋转变化,鼠标的指针为默认值（vbDefault）,鼠标键值为 2。

（4）松开鼠标键后,鼠标的指针恢复默认值。

以下代码是鼠标按下事件:

```
Private Sub WorkPic_MouseDown(Button As Integer, Shift As Integer, X As Single, Y As Single)
        If Button = 2 Then
            RIGHT_MOUSE_DOWN = True
            PICT_OLD_X = X
            PICT_OLD_Y = Y
        End If
        If Button = 4 Then
            OGL.MIDDLE_MOUSE_DOWN = True
            Me.MousePointer = vbSizeNS
            PICT_OLD_X = X
            PICT_OLD_Y = Y
        End If
        If Button = 1 Then
            OGL.LEFT_MOUSE_DOWN = True
            Me.MousePointer = vbSizeAll
            PICT_OLD_X = X
            PICT_OLD_Y = Y
        End If
```

End Sub

以下代码是鼠标释放事件：

Private Sub WorkPic_MouseUp（Button As Integer，Shift As Integer，X As Single，Y As Single）

    If Button = 2 Then

        RIGHT_MOUSE_DOWN = False

    End If

    If Button = 4 Then

        OGL.MIDDLE_MOUSE_DOWN = False

        Me.MousePointer = vbDefault

    End If

    If Button = 1 Then

        OGL.LEFT_MOUSE_DOWN = False

        Me.MousePointer = vbDefault

    End If

End Sub

在鼠标移动过程中，不同的鼠标按键可实现物体的旋转、缩放、平移。将鼠标移动的距离等效到旋转、缩放、平移的变化参数，这些参数传递到 4.1 节投影函数中，实现了物体的旋转、缩放、平移。在这个过程中，等效变化参数需要根据用户的习惯和开发者的经验进行调节，使得鼠标在旋转、缩放、平移过程中的响应与操作意图更加贴合。以下是鼠标平移事件的代码：

Private Sub WorkPic_MouseMove（Button As Integer，Shift As Integer，X As Single，Y As Single）

    If RIGHT_MOUSE_DOWN Then

        Dim XX As Single，YY As Single

        XX = （X - PICT_OLD_X）/ 15

        YY = （y - PICT_OLD_Y）/ 15

        PICT_OLD_X = X

        PICT_OLD_Y = Y

        PrQuadX = （PrQuadX - YY）Mod 360

        PrQuadY = （PrQuadY - XX）Mod 360

```
        PDisplay
    End If
    If OGL.MIDDLE_MOUSE_DOWN Then
        Me.MousePointer = vbSizeNS
        YY = (Y - PICT_OLD_Y) / Me.WorkPic.ScaleHeight
        PsQuad = PsQuad * (1 - YY)
        PICT_OLD_X = X
        PICT_OLD_Y = Y
        PDisplay
    End If
    If OGL.LEFT_MOUSE_DOWN Then
        Me.MousePointer = vbSizeAll
        XX = (X - PICT_OLD_X) / Me.WorkPic.ScaleWidth
        YY = (Y - PICT_OLD_Y) / Me.WorkPic.ScaleHeight
        PICT_OLD_X = X
        PICT_OLD_Y = Y
        PmQuadX = PmQuadX + XX * (POthoX)
        PmQuadY = PmQuadY - YY * (POthoY)
        PmQuadZ = PmQuadZ + YY * (POthoY)
        PDisplay
    End If
End Sub
```

4.4　面的矢量

在绘制物体的时候,实际上是绘制物体的面元。在飞机设计软件开发中,需要设计部件,并显示部件。在设计部件时,需要根据设置的参数,解算出外形曲面或曲线。使用类似计算流体力学表面网格划分的方法,将曲面或者曲线做离散化简化处理。网格的定义是弦向从翼型下表面后缘开始计数,绕翼型一周到上表面后缘结束,单个剖面点的个数定义为 XNI;展向从对称面开始计数,到翼梢位置结束,剖面个数定义为 ZNI,如图 4 - 12 所示。

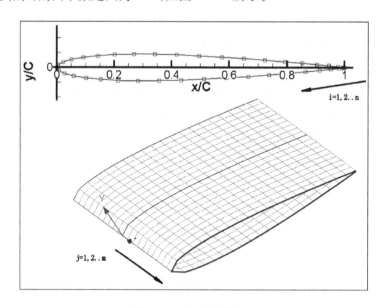

图 4 - 12 机翼网格定义

在绘制面的过程中,一般会用到 GL.glCullFace 函数。该函数忽略多边形的前面或者后面的光照、阴影、颜色以减少不必要的计算;通过以下代码开启(指定背面不显示):

GL.glCullFace faceBack

GL.glEnable GL.GL_CULL_FACE

在 OpenGL 中,面的矢量遵循右手定理,点的次序为面向掌心的 4 个手指方向,矢量方向为拇指方向。在绘制图 4 - 12 的物体的时候,我们使用了如下代码:

```
Public Sub DrawSurf( )
    For j = 1 To MyBody.ZNI - 1
        For i = 1 To MyBody.XNI - 1
            GL.glColor4f 0.2, 1, 0.2, 1
            GL.glBegin bmQuads
            GL.glVertex3f MyBody.mPoint(i, j + 1).X, _
                          MyBody.mPoint(i, j + 1).Y, _
                          MyBody.mPoint(i, j + 1).Z
```

```
        GL.glVertex3f MyBody.mPoint(i + 1, j + 1).X,_
                      MyBody.mPoint(i + 1, j + 1).Y, _
                      MyBody.mPoint(i + 1, j + 1).Z
        GL.glVertex3f MyBody.mPoint(i + 1, j).X,_
                      MyBody.mPoint(i + 1, j).Y,_
                      MyBody.mPoint(i + 1, j).Z
        GL.glVertex3f MyBody.mPoint(i, j).X, _
                      MyBody.mPoint(i, j).Y,_
                      MyBody.mPoint(i, j).Z
        GL.glEnd
      Next i
    Next j
End Sub
```

显示效果如图 4-13 所示。

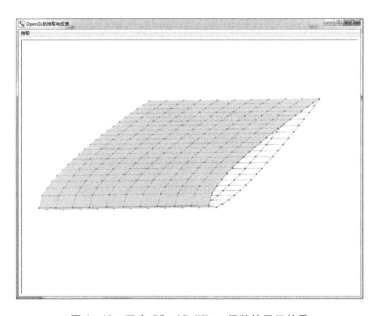

图 4-13   开启 GL.glCullFace 函数的显示效果

关闭 GL.glCullFace 函数的显示效果如图 4-14 所示。可以看出图 4-13 机翼下表面的内侧面是白色的,这是因为画布是白色的(实际上是透明的),背面不显示。图 4-14 机翼下表面的内侧面不是白色的,背面有显示。

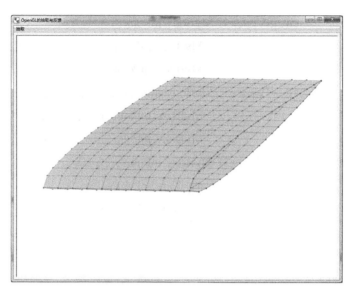

图 4 - 14　关闭 GL.glCullFace 函数的显示效果

开启 GL.glCullFace 函数,倒转点的绘制,即按照(i,j),(i+1,j),(i+1,j+1),(i,j+1)的次序绘制,其代码如下:

```
Public Sub DrawSurf( )
    For j = 1 To MyBody.ZNI - 1
        For i = 1 To MyBody.XNI - 1
            GL.glColor4f 0.2, 1, 0.2, 1
            GL.glBegin bmQuads
            GL.glVertex3f MyBody.mPoint(i, j).X, _
                    MyBody.mPoint(i, j).Y,_
                    MyBody.mPoint(i, j).Z
GL.glVertex3f MyBody.mPoint(i + 1, j).X,_
                    MyBody.mPoint(i + 1, j).Y,_
                    MyBody.mPoint(i + 1, j).Z
            GL.glVertex3f MyBody.mPoint(i + 1, j + 1).X,_
                    MyBody.mPoint(i + 1, j + 1).Y, _
                    MyBody.mPoint(i + 1, j + 1).Z
            GL.glVertex3f MyBody.mPoint(i, j + 1).X, _
                    MyBody.mPoint(i, j + 1).Y, _
```

MyBody.mPoint(i, j + 1).Z

GL.glEnd

Next i

Next j

End Sub

　　运行结果如图 4-15 所示。从图 4-15 可以看出,我们正常理解的面的正面因为点的绘制次序被解析为面的背面,使得其颜色没有显示。相对于图 4-13 所示的白色画布,由于此时相对位置的改变,可以透过机翼上表面看到画布的白色和机翼下表面内侧的深色,这就意味着机翼的上表面是显示的。该测试代码中包含了点和网格线的绘制,所以大家还能"感知"机翼上表面的存在,如果关闭点和网格线的绘制函数,上表面就彻底"不存在"了,如图 4-16 所示。

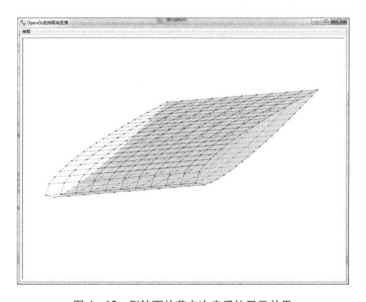

图 4-15　倒转面的节点次序后的显示效果

　　在飞机设计中,有些翼面是具有对称性的,比如机翼、平尾。在进行对称翼面绘制的时候,并不需要重新去定义相应的数据结构,否则会增加数据量;一般可将 Z 轴的数据乘以-1,重新绘制一遍数据。此时就需要再次注意绘制面 4 个点的次序,不能直接采用左侧机翼的绘制代码并在 Z 轴数值上乘以-1。为了更好地展示这个过程,将 4.2 节中坐标轴定义的函数添加进来,直接复制左侧机翼绘制代码,并在 Z 轴数值添加" * -1",其运行结果如图 4-17 所示,右侧机翼上表面无法显示。

图 4-16 关闭点和网格线的绘制函数后的显示效果

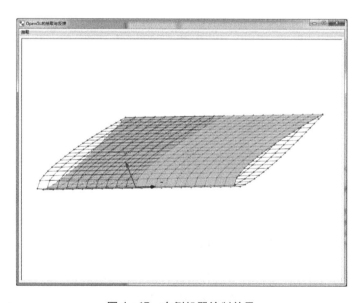

图 4-17 右侧机翼绘制效果

对于对称翼面的绘制,在翼面节点数据结构固定的情况下,需要考虑两侧绘制面的矢量方向。左侧翼面按照(i,j+1),(i+1,j+1),(i+1,j),(i,j)的次序绘制,右侧翼面按照(i,j),(i+1,j),(i+1,j+1),(i,j+1)的次序绘制。修改代码后的运行结果如图 4-18 所示。

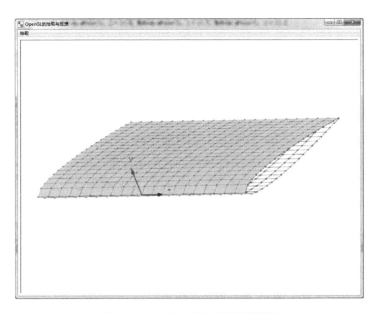

图 4-18　对称双侧机翼绘制效果

调整图 4-18 运行结果的角度,因机翼背面不显示,可以透过背面看到坐标轴,如图 4-19 所示。

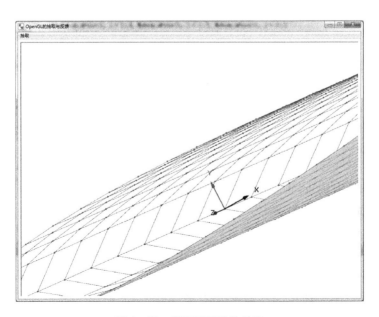

图 4-19　背面不显示的效果

4.5 STL 文件的读取与绘制

在有些场合,通过其他软件已完成部件设计,只需要对已经做好的模型进行显示。这个时候就需要能够用于 OpenGL 显示的三维文件格式,比如 STL 文件格式。

STL 文件格式是由 3D SYSTEM 公司制定的一个接口协议,是一种为快速原型制造技术服务的三维图形文件格式。它使用三角形面片来表示三维实体模型, 现已成为 CAD/CAM 系统接口文件格式的工业标准之一,绝大多数造型系统能支持并生成此种文件格式。STL 文件格式广泛应用于数控加工、有限元分析、逆向工程、医学成像系统等领域。

STL 文件格式如图 4 - 20 所示,其中 Solid 为文件头,facet normal 为三角面元法向矢量,outer loop 为三角面元开始,vertex 为三角面元节点坐标,endloop 为三角面元节点结束,endfacet 为三角面元结束。

```
 1 Solid
 2 facet normal    0.179250     -0.980535     0.080130
 3 outer loop
 4 vertex          13.499400     0.008640     0.000000
 5 vertex          12.205790    -0.216008     0.000000
 6 vertex          13.251225     0.000868     0.315250
 7 endloop
 8 endfacet
 9 facet normal    0.179250     -0.980535     0.080130
10 outer loop
11 vertex          13.251225     0.000868     0.315250
12 vertex          12.028065    -0.234570     0.315250
13 vertex          12.205790    -0.216008     0.000000
14 endloop
15 endfacet
```

图 4 - 20　STL 文件格式

STL 文件的读取代码:

```
Public Sub ReadFile(TFileName As String)
    Dim TT As Double
    Dim NI As Long
    Open TFileName For Input As #1
        i = 0
        Do While Not EOF(1)
            Input #1, TStr
```

```
            i = i + 1
        Loop
        NI = i - 1
    Close #1
            TRNI = (NI - 3) / 7 - 3
            ReDim V(3, TRNI) As Double
            ReDim PT1(3, TRNI) As Double
            ReDim PT2(3, TRNI) As Double
            ReDim PT3(3, TRNI) As Double


    Open TFileName For Input As #1
            Line Input #1, TStr
            For i = 1 To TRNI
                Input #1, TT, TT, V(1, i), V(2, i), V(3, i)
                Line Input #1, TStr
                Input #1, TT, PT1(1, i), PT1(2, i), PT1(3, i)
                Input #1, TT, PT2(1, i), PT2(2, i), PT2(3, i)
                Input #1, TT, PT3(1, i), PT3(2, i), PT3(3, i)
                Line Input #1, TStr
                Line Input #1, TStr
            Next i
    Close #1
End Sub
```

STL 文件的绘制代码：

```
Public Sub DrawSTL()
    For i = 1 To TRNI
        GL.glBegin bmTriangles
            GL.glColor4f 0.4, 0.6, 0.2, 1.0
            GL.glNormal3f V(1, i), V(2, i), V(3, i)
            GL.glVertex3f PT1(1, i), PT1(2, i), PT1(3, i)
            GL.glVertex3f PT2(1, i), PT2(2, i), PT2(3, i)
```

```
                GL.glVertex3f PT3(1, i), PT3(2, i), PT3(3, i)
        GL.glEnd
        GL.glBegin bmLineLoop
                GL.glColor4f 0.0, 0.0, 0.0, 1
                GL.glVertex3f PT1(1, i), PT1(2, i), PT1(3, i)
                GL.glVertex3f PT2(1, i), PT2(2, i), PT2(3, i)
                GL.glVertex3f PT3(1, i), PT3(2, i), PT3(3, i)
        GL.glEnd
    Next i
End Sub
```

STL 文件的绘制结果如图 4 – 21 所示。

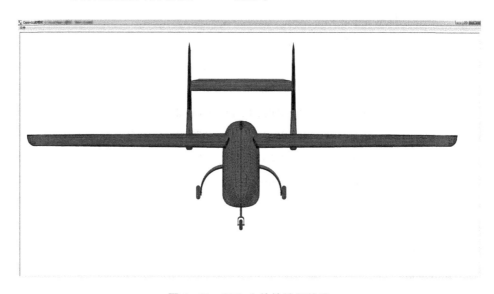

图 4 – 21   STL 文件的绘制结果

图 4 – 21 的绘制没有使用 4.4 节提到的 GL.glCullFace。对于大型复杂部件，其 STL 文件包含的面元的个数是非常多的，如果不用 GL.glCullFace 函数，会极大地增加系统的绘制与渲染时间。图 4 – 22 为使用了 GL.glCullFace 函数的绘制结果，模型显示有些奇怪。将图 4 – 22 放大后，模型显示见图 4 – 23,翼梢整流区的面元没有显示，这说明该区面元的矢量方向是相反的。在大部分情况下，通过 CATIA 直接输出的 STL 文件都会存在这样的问题。修补的方式是，在绘制的时候多画一遍面元，而面元的次序颠倒，代码如下：

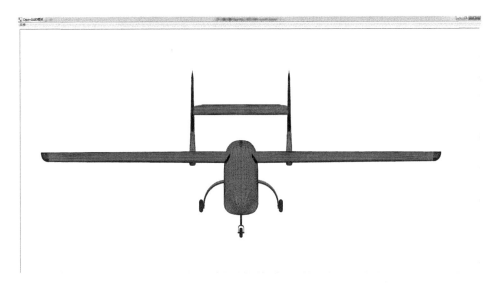

图 4－22　开启 GL.glCullFace 函数的 STL 文件绘制结果

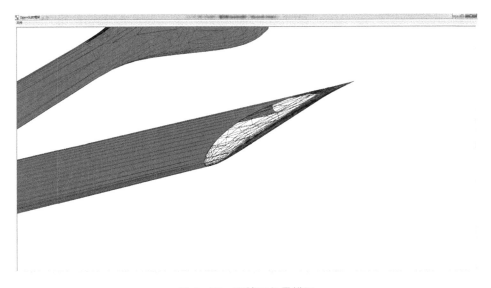

图 4－23　翼梢面矢量错误

```
GL.glBegin bmTriangles
    GL.glColor4f 0.4, 0.6, 0.2, 1.0
    GL.glNormal3f V(1, i), V(2, i), V(3, i)
    GL.glVertex3f PT3(1, i), PT3(2, i), PT3(3, i)
    GL.glVertex3f PT2(1, i), PT2(2, i), PT2(3, i)
    GL.glVertex3f PT1(1, i), PT1(2, i), PT1(3, i)
GL.glEnd
```

运行结果如图 4-24 所示。

图 4-24 绘制两遍的结果

4.6 光源设置

在 4.5 节中为了使物体的显示更加立体,在机体表面增加了面元边线的绘制,使用了浅色调绘制面元,这样能更加突出面元边线,进而有立体的效果。在本节中将面元边线绘制关闭,同时将面元的颜色更换为

GL.glColor4f 0.2, 0.4, 0.5, 1#

其运行结果如图 4-25 和图 4-26 所示。可以看出,采用暗色调着色、同时不显示面元边线后,立体图形看起来就是平面图。

为了使物体有立体的感觉,需要使用光源。在 OpenGL 中,光源需要手动开

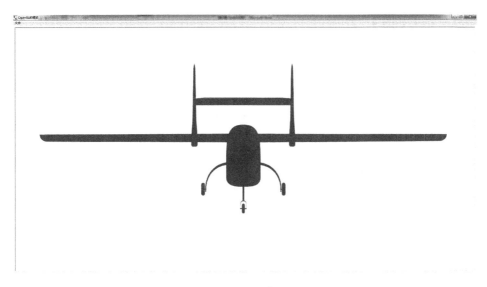

图 4-25　正视图

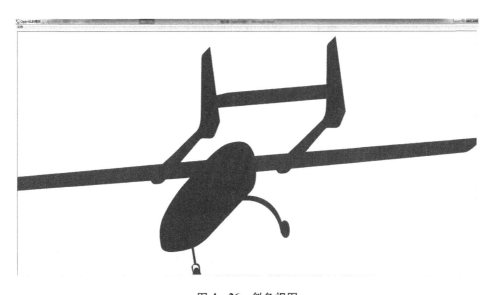

图 4-26　斜角视图

启,有 8 个光源(从 ltLight0 到 ltLight7)可以设置,通常设置 1 个就能满足要求。一般情况下,光源的使用需要进行光源基本属性的创建;但是对于 ltLight0 来说,可以直接使用,只需在代码中做如下添加:

GL.glEnable glcLight0

GL.glEnable glcLighting

其运行结果如图 4 - 27 所示。

图 4 - 27　使用 ltLight0 的运行结果

如果使用 ltLight1,运行结果如图 4 - 28 所示,代码为:

GL.glEnable glcLight1

GL.glEnable glcLighting

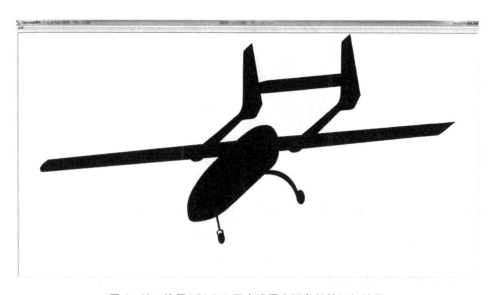

图 4 - 28　使用 ltLight1 而未设置光源参数的运行结果

从图 4 - 28 可以看出,使用 ltLight1 后,显示结果仍为全黑色,只是开启了光源;而使用 ltLight0 后是可以显示出立体效果的。这主要在于 ltLight0 光源有默认的设置,而 ltLight1 的光源参数没有定义。要使 ltLight1 得到与 ltLight0 一样的显示效果,只需要在光源设置中定义两个参数: 一个是环境光设置,另一个是散射强度设置。创建光源的函数如下:

GL.glLightfv (light as glLightConstants, pname as glLightParameterConstants, Params as GLfloat)

在使用 ltLight1 的前提下,先定义一个环境光强度。在环境光强度设置中,需要填入的参数是含有 4 个元素的数组,分别对应的是 R、G、B、Alpha 的数值。一般设置为白光,即 R、G、B 为 1,Alpha 为 1,定义如下的环境光强度代码:

Dim Amb(4) As GLfloat

Amb(1) = 1

Amb(2) = 1

Amb(3) = 1

Amb(4) = 1

GL.glLightfv ltLight1, lpmAmbient, Amb(1)

其运行结果如图 4 - 29 所示。可以看出,显示结果仍是黑色的。主要原因是光源照射在物体上能够被感知的关键在于物体散射了光线。因此,需要添加散射强度代码。

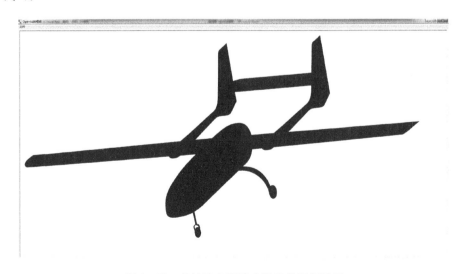

图 4 - 29　单纯定义环境光强度的运行结果

散射强度定义：

```
Dim Dif(4) As GLfloat
Dif(1) = 1.0
Dif(2) = 1.0
Dif(3) = 1.0
Dif(4) = 1.0
GL.glLightfv ltLight1, lpmDiffuse, Dif(1)
```

其运行结果如图 4 - 30 所示。

图 4 - 30　结合散射的运行结果

可以发现，使用 ltLight1 后的显示结果与 ltLight0 的还是存在差异。特别地，ltLight0 明显比 ltLight1 显示更亮一些。这主要是因为 ltLight0 默认的环境光为黑色，ltLight1 定义的环境光为白色。将 ltLight1 的环境光修改为 ltLight0 的默认值，修改环境光强度的代码如下：

```
Dim Amb(4) As GLfloat
Amb(1) = 0
Amb(2) = 0
Amb(3) = 0
Amb(4) = 1
```

　　GL.glLightfv ltLight1, lpmAmbient, Amb(1)

其运行效果如图 4 - 31 所示。

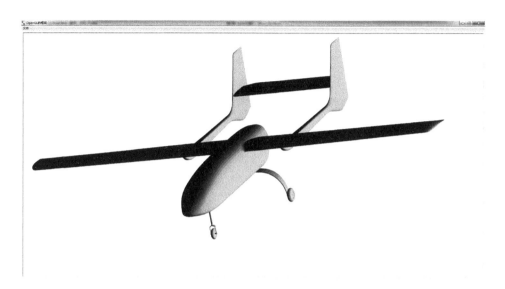

图 4 - 31　修改 ltLight1 环境光为黑色后的运行结果

　　从图 4 - 31 可以看出, 修改后 ltLight1 的显示效果与 ltLight0 的一样。但是, 实际环境光源应该是白色, 所以, 将代码继续改回原来的:

　　Dim Amb(4) As GLfloat

　　Amb(1) = 1

　　Amb(2) = 1

　　Amb(3) = 1

　　Amb(4) = 1

　　GL.glLightfv ltLight1, lpmAmbient, Amb(1)

　　在未开启光源的时候, 模型是有颜色的, 加了光源后, 颜色不见了。为了显示颜色, 需要开启颜色跟踪的功能, 代码如下:

　　GL.glEnable GL.GL_COLOR_MATERIAL

　　GL.glColorMaterial faceFront, cmmAmbientAndDiffuse

其运行结果如图 4 - 32 所示。

　　作为对比, 我们只开启 ltLight0 并加入颜色跟踪, 得到的显示效果如图 4 - 33 所示。可以看出, 将环境光设置为白色更加符合我们的日常感觉。

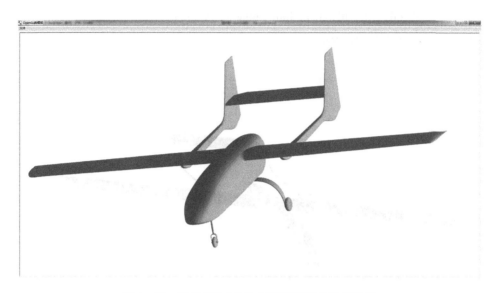

图 4-32   使用 ltLight1 和颜色跟踪后的运行结果

图 4-33   使用 ltLight0 和颜色跟踪后的运行结果

　　在设计类软件开发中,光源不是必要选项,这样可以降低对系统资源的需求。在技巧上,可以通过网格线来表示立体。此时,面元的存在只是为了区分不同的设计部件,或者是使全机外观更加地漂亮。如图 4-34~图 4-36 所示,如果仅仅显示曲面,翼面的显示结果看着只是平面,没有立体的感觉。

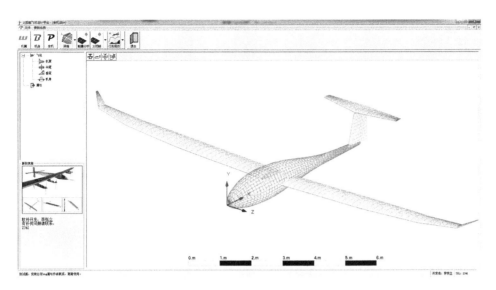

图 4 - 34　翼面只显示网格线的运行结果

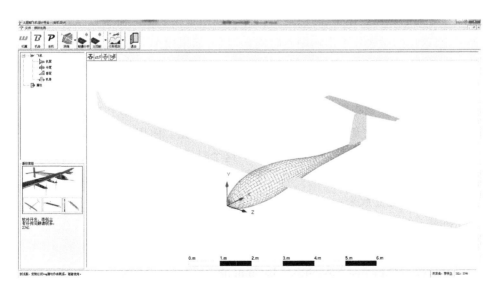

图 4 - 35　翼面只显示面元的运行结果

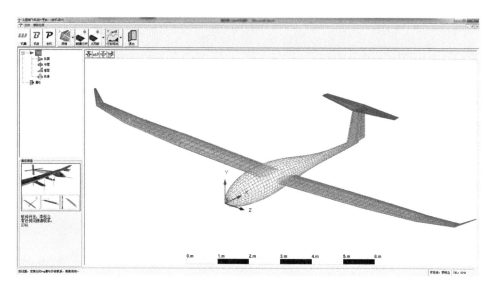

图 4-36 翼面混合网格和面元的运行结果

4.7 显示列表

在之前的显示操作中,图像的刷新都是调用重绘函数。对于数据量小的模型来说,这样的做法并不影响刷新时间。但是,如果模型太大,特别是一些外形复杂的模型,面元个数巨大,绘制起来的时间就长,使得操作响应慢。对比图 4-37 和图 4-38,可以看出,图 4-38 所示的模型线很密集(图 4-39 为其细节处展示)。这就意味着图 4-38 的面元个数多。从文件大小上看,图 4-37 载入的模型只有 6 兆,而图 4-38 的模型有 100 多兆。使用 4.5 节的绘制方式,图 4-38 载入的模型运行后几乎动不了。这个时候就要用到显示列表的技术。

构建一个创建函数,将 4.5 节中的绘制过程放进来。该函数需要在初始化过程的时候就建立起来:

```
Public Sub CreatList( )
    ModelList = GL.glGenLists( 1 )
    GL.glNewList ModelList, lstCompile
    Call DrawSTL
    GL.glEndList
```

```
GL.glShadeModel smFlat
GL.glClearColor 0, 0, 0, 0
End Sub
```

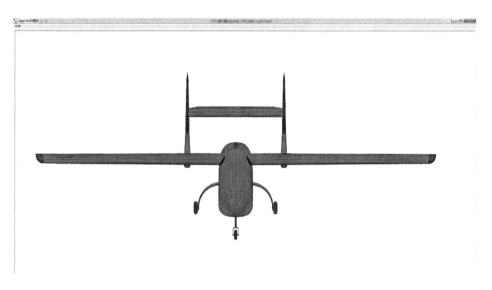

图 4－37　小模型

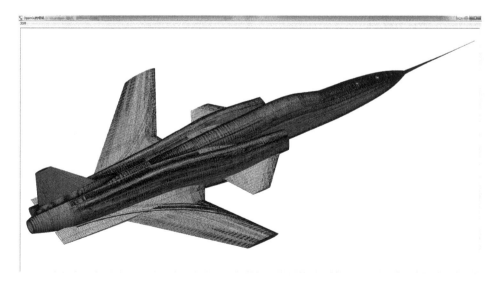

图 4－38　大模型

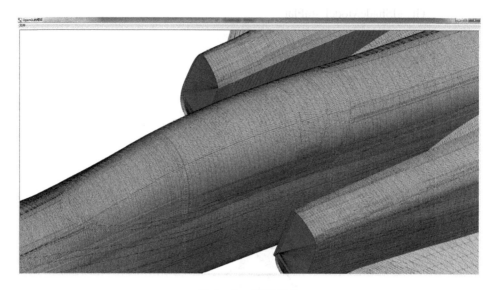

图 4 – 39   模型细节

然后构建显示函数,用于替换程序中 Call DrawSTL 的位置:

```
Public Sub ListDisplay()
    GL.glClear clrColorBufferBit
    GL.glColor3f 1#, 1, 1
    Call GL.glCallList(ModelList)
    GL.glFlush
End Sub
```

4.8   像素复制与图形输出

一般情况下用 PictureBox 控件来做 OpenGL 的图形显示。在窗体程序设计中直接保存图像,如在第 2 章输出翼型图片一样。重温第 2 章的代码:

```
Private Sub mSave_Click()
    Me.CommonDialog.InitDir = App.Path
    Me.CommonDialog.Filter = " * .bmp| * .bmp"
    Me.CommonDialog.ShowSave
    If Me.CommonDialog.FileName <> " " Then
```

TFileName = Me.CommonDialog.FileName

Me.CommonDialog.FileName = " "

SavePicture Me.WorkPic.Image，TFileName

MsgBox " 文件保存完毕!"，vbOKOnly，" 谢谢使用"

　　End If

End Sub

运行的程序界面如图 4 - 40 所示,保存的翼型图片文件如图 4 - 41 所示。

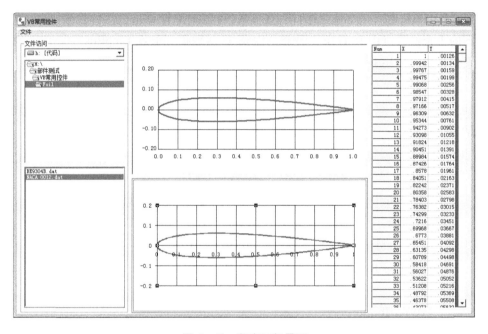

图 4 - 40　程序运行界面

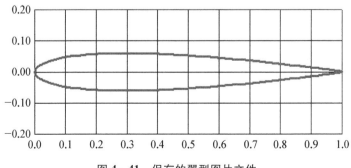

图 4 - 41　保存的翼型图片文件

在 OpenGL 显示模式下,这样的保存方式行不通。需要采用像素复制的方式进行图像输出,使用到的函数是 GL.glReadPixels(),并以位图的形式输出。

使用位图需要定义位图操作的变量:

Dim BmpBits( ) As GLubyte

Dim BmpInfo As BITMAPINFO

Dim Bmpheader As BITMAPFILEHEADER

Dim BmpSize( ) As GLint

BmpSize 用于存放位图的长、宽参数,可以据此计算出位图的像素个数,位图的 1 个像素点由 R、G、B 3 种颜色构成,这些数据存放在 BmpBits 中。位图像素的读取可使用 GL.glGetIntegerv 函数。获取画布的大小:

GL.glGetIntegerv glgViewport, BmpSize(1)

其中,长度数值放在 BmpSize(3)中,宽度数值放在 BmpSize(4)中。两者的计算就可以动态定义 BmpBits 数组大小:

BmpSize(3) = BmpSize(3) * 3

BmpSize(3) = (BmpSize(3) + 3) And (-3)

ReDim BmpBits(BmpSize(3) * BmpSize(4)) As GLubyte

在上述代码中,计算过程改变了 BmpSize(3)。重新获取一次画布大小:

GL.glGetIntegerv glgViewport, BmpSize(1)

BmpInfo 和 Bmpheader 都是用于存放 BMP 文件定义的数据,属于固定格式:

```
With BmpInfo
    .bmiHeader.biSize = 40
    .bmiHeader.biWidth = BmpSize(3)
    .bmiHeader.biHeight = BmpSize(4)
    .bmiHeader.biPlanes = 1
    .bmiHeader.biBitCount = 24
    .bmiHeader.biCompression = BI_RGB
    .bmiHeader.biSizeImage = BmpSize(3) * BmpSize(4) * 3
    .bmiHeader.biXPelsPerMeter = 0
    .bmiHeader.biYPelsPerMeter = 0
    .bmiHeader.biClrUsed = 0
```

```
        .bmiHeader.biClrImportant = 0
End With

With Bmpheader
        .bfType = 19778
        .bfSize = 16 + 40 + BmpSize(3) * BmpSize(4) * 3
        .bfReserved1 = 0
        .bfReserved2 = 0
        .bfOffBits = 16 + 40
End With
```

在像素复制前,需要定义像素存储模式。这使用到了 GL.glPixelStorei 函数,该函数采用的都是默认值。

```
GL.glPixelStorei pxsPackAlignment, 4
GL.glPixelStorei pxsPackRowLength, 0
GL.glPixelStorei pxsPackSkipRows, 0
GL.glPixelStorei pxsPackSkipPixels, 0
```

有了上述处理,就能以开始的像素读取和输出:

```
GL.glReadBuffer rbmFront
GL.glReadPixels 0, 0, BmpSize(3), BmpSize(4), rpBGRExt, pxlByte, BmpBits(1)
For i = 1 To BmpSize(3) * BmpSize(4)
        BmpBits(i) = BmpBits(i) * 2 + 1
Next i
Open TFileName For Binary As #1
        Put #1, , Bmpheader
        Put #1, , BmpInfo
        Put #1, , BmpBits
Close #1
```

上述代码中有段对像素处理的代码。通过 GL.glReadPixels 读取的是无符号的 8 位整数 pxlByte,最大值为 127,而位图中 RGB 颜色的最大值为 255。软件运行结果如图 4 - 42 所示,以上代码运行的图片保存效果如图 4 - 43 所示。图 4 - 44 是未进行像素处理而直接输出的结果。

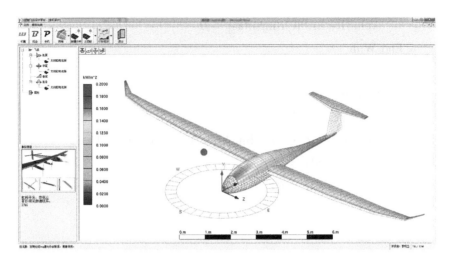

图 4 - 42 软件运行结果图

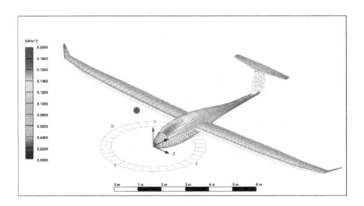

图 4 - 43 像素处理后的图片保存效果

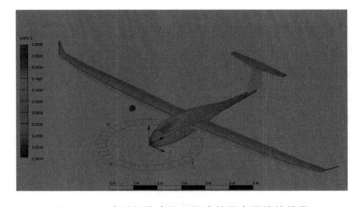

图 4 - 44 未进行像素处理而直接保存图片的效果

第5章

太阳辐射模型

在太阳辐射应用中,需要掌握任意日期、任意地理位置、任意时刻、任意高度、任意表面物体的太阳辐射能量。在现实中,即使使用太阳辐射监测仪器也难以完成该研究,因此,需要利用理论模型进行计算。太阳辐射包含直接辐射和散射辐射,一般将直接辐射作为理论模型开展研究,因此本章采用直接辐射的能量模型[16]。

5.1 太阳赤纬角

太阳赤纬角,又称赤纬角,是地球赤道平面与太阳和地球中心连线之间的夹角。赤纬角以年为周期,在+23°26′~-23°26′的范围内变化,成为季节的标志。

每年6月21日或22日赤纬角达到最大值+23°26′,即为夏至,该日正午太阳位于地球北回归线正上空。每年12月21日或22日赤纬角减至最小-23°26′,即为冬至,该日正午太阳位于南回归线正上空。

在太阳赤纬角计算中,可以采用太阳系天体运动方程求解,或者采用简化的Cooper方程求解。对方程的取舍研究表明:在天体物理、遥感应用等领域使用精确的天体运动方程;在地面太阳能发电、近地轨道浮空器领域可采用简化方程。因此本章采用简化的Cooper方程:

$$\delta = 23.45 \times \sin\left(360 \times \frac{284 + n}{365}\right) \qquad (5-1)$$

其中:δ为太阳赤纬角,(°);n为按日历顺序排列的累计天数,1月1日为0,1月2日为1,以此类推,平年的12月31日为364,闰年的12月31日为365。

5.2　太阳时角

日面中心的时角,即为从观测点天球子午圈沿天赤道至太阳所在时圈的角距离。以地球为例,在地球上,对同一经度、不同纬度的人来说,同一时刻太阳对应的时角是相同的。

规定正午时角为 0°,上午时角为负,下午时角为正。地球自转一周为 360°,对应的时间为 24 h,即每小时对应的时角为 15°。

太阳时角 ω 的计算公式为

$$\omega = (12 - t) \times 15 \qquad (5-2)$$

其中: t 为时区时间。

在具体计算中,需要考虑同一时区、不同经度条件下的时角修正。以中国为例,北京时间所在的时区为东 8 区,即以东经 120° 为基准。如果从马兰基地起飞,飞控直接获取的 GPS 时间为北京时间,这与当地的太阳真时存在差异,此时需要对两个经度之间的时差进行修正。修正后的计算公式为

$$\omega = (12 - t) \times 15 + (120 - \psi) \qquad (5-3)$$

其中: ψ 为当地经度。

5.3　太阳高度角

对于地球上的某个地点,太阳高度角是指太阳光的入射方向和地平面之间的夹角。太阳高度角与太阳赤纬角、太阳时角、地理纬度有关。正午时,太阳高度角达到最大。

太阳高度角 h 的计算公式为

$$\sin h = \sin \varphi \times \sin \delta + \cos \varphi \times \cos \delta \times \cos \omega \qquad (5-4)$$

其中: φ 为地理纬度。

太阳高度角的计算,涉及日期、时间、地理纬度。

5.4　太阳直接辐射光矢量

根据上述太阳光线的角度关系,可以建立起以地平坐标为基准的太阳光线矢量。

太阳光线矢量 S 具体计算公式为

$$S = (\cos h \times \sin \gamma, \ \cos h \times \cos \gamma, \ \sin h) \qquad (5-5)$$

其中:γ 为太阳方位角,$\gamma = \csc(\cos \delta \times \sin \omega + \cos h)$。

5.5　大气层上界太阳辐射强度

大气层上界太阳辐射强度 E_0 受地球椭圆轨道影响,需要在基准辐射强度基础上进行修正:

$$E_0 = E_{sc} \times \left(1 + 0.034 \times \cos \frac{2 \times \pi \times n}{365} \right) \qquad (5-6)$$

其中:E_{sc} 为太阳常数,1 367 W/m^2。

5.6　大气质量

大气质量是一个无量纲的量,它是太阳光线穿过地球大气的路径与太阳光线在天顶角时穿过的大气路径之比。假设在标准大气下,当温度为 0° 时,海平面处光线垂直入射的路径为 1。

根据太阳高度角 h,可以计算出不同时刻的大气质量 m。

当 $h \geqslant 30°$ 时,大气质量可以表述为

$$m(h) = \frac{1}{\sin h} \qquad (5-7)$$

当 $h < 30°$ 时,大气质量可以表述为

$$m(h) = \sqrt{1\,229 + (614 \times \sin h)^2} - 614 \times \sin h \qquad (5-8)$$

温度对大气质量 m 的影响忽略不计。而在飞行过程中,大气压力的变化影响大气质量 m,需要对其进行修正:

$$m(z, h) = m(h) \times \left(\frac{288 - 0.006\,5 \times z}{288} \right)^{5.256} \qquad (5-9)$$

其中:z 为海拔高度。

5.7 大气透明度

太阳辐射能在通过大气层时会产生一定的衰减。表征大气对太阳辐射衰减程度的一个重要参数就是大气透明度。直接辐射大气透明度不仅与大气质量有关,还与当地大气条件有关。

大气透明度 τ_b 计算公式为

$$\tau_b = 0.56 \times (e^{-0.56 \times m(z, h)} + e^{-0.096 \times m(z, h)}) \times k_1 \qquad (5-10)$$

其中:k_1 为参数,取值范围为 $[0.80, 0.90]$。

5.8 太阳直接辐射强度

根据上述大气层上界太阳辐射强度、大气透明度、太阳高度角等影响,可以算出某一时刻太阳直接辐射强度 E_{bh}。

计算公式为

$$E_{bh} = E_0 \times \tau_b \times \sin h \qquad (5-11)$$

5.9 代码开发

本节将上述公式转化为代码,程序运行后的显示如图 5-1 所示,该程序的界面设计如图 5-2 所示。

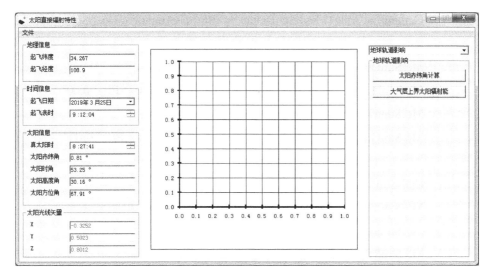

图 5-1　太阳直接辐射特性计算运行图

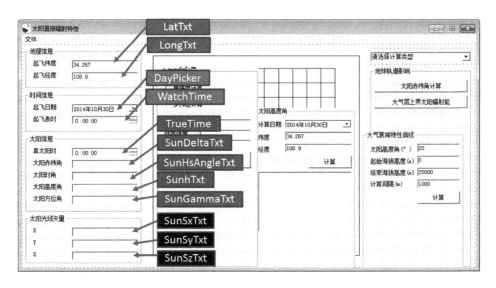

图 5-2　太阳直接辐射特性计算窗体设计左侧控件

地理信息的计算代码：

```
Private Sub LatTxt_Change()
    NowLat = Val(LatTxt.Text) * PI / 180
    Solar_h = Asin(Sin(NowLat) * Sin(SunDelta) + Cos(NowLat)_
        * Cos(SunDelta) * Cos(HsAngle))
```

```
    Gamma = ASin( Cos( SunDelta ) * Sin( HsAngle ) / Cos( Solar_h ) )

    Me.SunDeltaTxt.Text = Format( SunDelta * 180 / PI, "0.00" + "°" )
    Me.SunHsAngleTxt.Text = Format( HsAngle * 180 / PI, "0.00" + "°" )
    Me.SunhTxt.Text = Format( Solar_h * 180 / PI, "0.00" + "°" )
    Me.SunGammaTxt.Text = Format( Gamma * 180 / PI, "0.00" + "°" )

    Call SunS
    Me.SunSxTxt.Text = Format( SunX, "0.0000" )
    Me.SunSyTxt.Text = Format( SunY, "0.0000" )
    Me.SunSzTxt.Text = Format( SunZ, "0.0000" )
End Sub


Private Sub LongTxt_Change( )
    NowLong = Val( Me.LongTxt.Text )
    Call SunTime( Me.WatchTime, Me.TrueTime )
    Call TrueTime_Change
End Sub
```

日期变更带来的计算更新代码：

```
Private Sub DayPicker_Change( )
    Dim MDay( 12 ) As Double
    MDay( 1 ) = 31
    MDay( 2 ) = 28
    MDay( 3 ) = 31
    MDay( 4 ) = 30
    MDay( 5 ) = 31
    MDay( 6 ) = 30
    MDay( 7 ) = 31
    MDay( 8 ) = 31
    MDay( 9 ) = 30
    MDay( 10 ) = 31
```

```
    MDay(11) = 30
    MDay(12) = 31


SumDay = 0
For i = 1 To Me.DayPicker.Month - 1
    SumDay = SumDay + MDay(i)
Next i
    If Me.DayPicker.Year Mod 4 = 0 Or Me.DayPicker.Year Mod 400 = 0
Then
        If Me.DayPicker.Month >= 3 Then
            SumDay = SumDay + 1
        End If
    End If
    SumDay = SumDay + Me.DayPicker.Day - 1
SunDelta = 0.409 * Sin(2 * PI * (SumDay + 284) / 365)


'太阳高度角计算
Solar_h = ASin(Sin(NowLat) * Sin(SunDelta) + Cos(NowLat) * _
    Cos(SunDelta) * Cos(HsAngle))
Gamma = Asin(Cos(SunDelta) * Sin(HsAngle) / Cos(Solar_h))


Me.SunDeltaTxt.Text = Format(SunDelta * 180 / PI, "0.00" + "°")
Me.SunHsAngleTxt.Text = Format(HsAngle * 180 / PI, "0.00" + "°")
Me.SunhTxt.Text = Format(Solar_h * 180 / PI, "0.00" + "°")
Me.SunGammaTxt.Text = Format(Gamma * 180 / PI, "0.00" + "°")


Call SunS


Me.SunSxTxt.Text = Format(SunX, "0.0000")
Me.SunSyTxt.Text = Format(SunY, "0.0000")
Me.SunSzTxt.Text = Format(SunZ, "0.0000")
```

```
End Sub
```

时间变动带来的计算更新代码：

```
Private Sub WatchTime_Change()
    Call SunTime(Me.WatchTime, Me.TrueTime)
    Call TrueTime_Change
End Sub
```

根据式(5-5)和 OpenGL 的方位定义，对太阳光线矢量进行变换处理：

```
Public Sub SunS()
    SunX = -Cos(Solar_h) * Cos(Gamma)
    SunY = Sin(Solar_h)
    SunZ = Cos(Solar_h) * Sin(Gamma)
End Sub
```

太阳真时转化代码：

```
Public Sub SunTime(WatchTime As DTPicker, TrueTime As DTPicker)
    Dim Ds As Double
    Dim Dm As Double
    Dim Dh As Double
    TrueTime.Hour = 0
    TrueTime.Minute = 0
    TrueTime.Second = 0
    DeltaTime = 4 * 60
    PKLong = 120
    Ds = (NowLong - PKLong) * DeltaTime
    TrueTime = DateAdd("s", Ds, WatchTime)
End Sub
```

通过上述代码对窗体设计左侧的控件(见图5-2)进行编程，获得太阳光线矢量。窗体设计右侧为不同计算状态的设置及其参数输入，用到了 Frame 控件。这些控件虽然在窗体设计时出现了层叠，但是在实际载入时保持同样的高度和宽度，并且位置保持不变。在初始载入时，将地球轨道影响的 Frame 作为默认值。在选择不同的计算状态时，该状态对应的 Frame 会置顶显示，如图5-3所示。

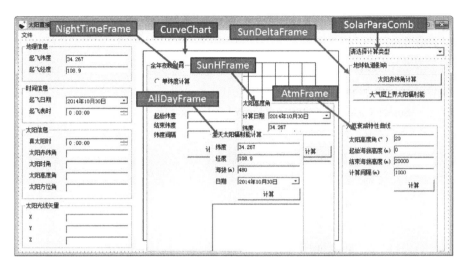

图 5-3　太阳直接辐射特性计算窗体设计右侧控件

代码:

Public Sub IniComb()

  Me.SolarParaComb.AddItem "地球轨道影响"

  Me.SolarParaComb.AddItem "大气衰减特性"

  Me.SolarParaComb.AddItem "高度角特性"

  Me.SolarParaComb.AddItem "全天太阳辐射特性"

  Me.SolarParaComb.AddItem "全年夜间时间"

  Me.SolarParaComb.ListIndex = 0

End Sub

在载入窗体时,不同状态对应的 Frame 的位置设计代码:

Private Sub Form_Resize()

  If Me.WindowState <> 1 Then

    Me.SunHFrame.Top = Me.AtmFrame.Top

    Me.SunHFrame.Left = Me.AtmFrame.Left

    Me.SunDeltaFrame.Top = Me.AtmFrame.Top

    Me.SunDeltaFrame.Left = Me.AtmFrame.Left

    Me.AllDayFrame.Top = Me.AtmFrame.Top

    Me.AllDayFrame.Left = Me.AtmFrame.Left

    Me.NightTimeFrame.Top = Me.AtmFrame.Top

    Me.NightTimeFrame.Left = Me.AtmFrame.Left

```
        End If
    End Sub


Private Sub SolarParaComb_Click( )
    Select Case Me.SolarParaComb.ListIndex
        Case 0：
            Me.SunDeltaFrame.ZOrder
        Case 1：
            Me.AtmFrame.ZOrder
        Case 2：
            Me.SunHFrame.ZOrder
        Case 3：
            Me.AllDayFrame.ZOrder
        Case 4：
            Me.NightTimeFrame.ZOrder
            Me.LATBeginTxt.SetFocus
    End Select
End Sub
```

对于右侧控件,先考虑地球轨道影响,其控件设计如图 5-4 所示。

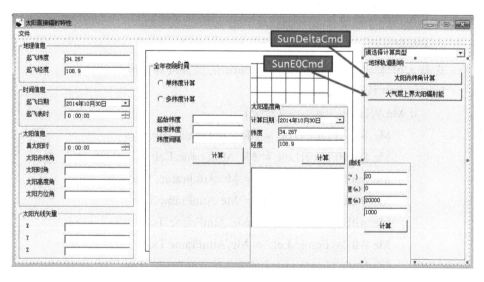

图 5-4　地球轨道影响控件设计

太阳赤纬角计算代码：

```
Private Sub SunDeltaCmd_Click( )
    SolarNI = 365
    ReDim SolarX( SolarNI) As Double
    ReDim SolarY( SolarNI) As Double
    For i = 1 To 365
        SolarX( i) = i – 1
        SolarY( i) = 0.409 * Sin( 2 * PI * ( SolarX( i) + 284) / 365)_
    * 180 / PI
    Next i
    Me.CurveChart.Plot.UniformAxis = False
    Me.CurveChart.RowCount = SolarNI
    Me.CurveChart.ColumnCount = 2
    Me.CurveChart.Plot.Axis( VtChAxisIdX).ValueScale.Auto = True
    Me.CurveChart.Plot.Axis( VtChAxisIdY).ValueScale.Auto = True
    For i = 1 To SolarNI
        Me.CurveChart.Row = i
        Me.CurveChart.Column = 1
        Me.CurveChart.Data = SolarX( i)
        Me.CurveChart.Row = i
        Me.CurveChart.Column = 2
        Me.CurveChart.Data = SolarY( i)
    Next i
End Sub
```

太阳赤纬角计算结果如图 5 – 5 所示。

大气层上界太阳辐射计算代码：

```
Private Sub SunE0Cmd_Click( )
    SolarNI = 365
    ReDim SolarX( SolarNI) As Double
    ReDim SolarY( SolarNI) As Double
    For i = 1 To SolarNI
```

```
        SolarX(i) = i
        SolarY(i) = 1367 * (1 + 0.034 * Cos(2 * PI * (i - 1) / 365))
    Next i
    Me.CurveChart.Plot.UniformAxis = False
    Me.CurveChart.RowCount = SolarNI
    Me.CurveChart.ColumnCount = 2
    Me.CurveChart.Plot.Axis(VtChAxisIdX).ValueScale.Auto = True
    Me.CurveChart.Plot.Axis(VtChAxisIdY).ValueScale.Auto = True
    For i = 1 To SolarNI
        Me.CurveChart.Row = i
        Me.CurveChart.Column = 1
        Me.CurveChart.Data = SolarX(i)
        Me.CurveChart.Row = i
        Me.CurveChart.Column = 2
        Me.CurveChart.Data = SolarY(i)
    Next i
End Sub
```

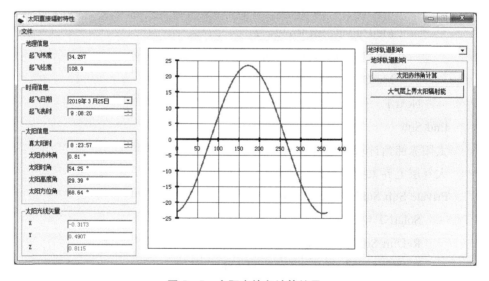

图 5 - 5   太阳赤纬角计算结果

大气层上界太阳辐射计算结果如图 5-6 所示。

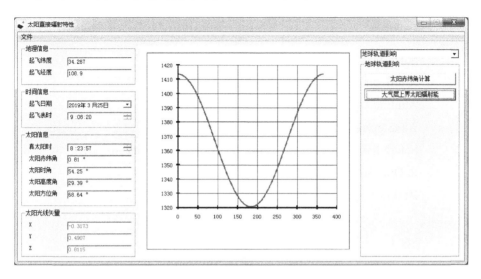

图 5-6　大气层上界太阳辐射计算结果

大气衰减特性测试控件如图 5-7 所示。

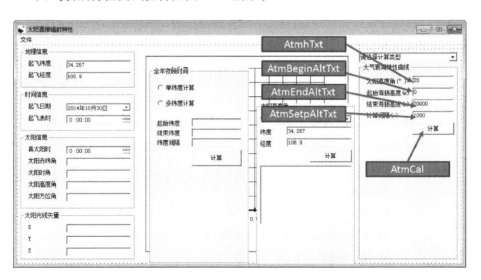

图 5-7　大气衰减特性测试控件设计

大气衰减特性计算代码：

```
Private Sub AtmCal_Click( )
    Dim AtmBeginAlt As Double
```

```
Dim AtmEndAlt As Double
Dim AtmStepAlt As Double

Solar_h = Val(Me.AtmhTxt.Text) / 180 * PI
AtmBeginAlt = Val(Me.AtmBeginAltTxt.Text)
AtmEndAlt = Val(Me.AtmEndAltTxt.Text)
AtmStepAlt = Val(Me.AtmSetpAltTxt.Text)
SolarNI = (AtmEndAlt - AtmBeginAlt) / AtmStepAlt + 1
ReDim SolarX(SolarNI) As Double
ReDim SolarY(SolarNI) As Double

For i = 1 To SolarNI
    SolarX(i) = AtmBeginAlt + AtmStepAlt * (i - 1)
    Solar.Altitude = SolarX(i)
    Call SunIsc
    SolarY(i) = SunG / Sin(Solar_h)
Next i
Me.CurveChart.Plot.UniformAxis = False
Me.CurveChart.RowCount = SolarNI
Me.CurveChart.ColumnCount = 2
Me.CurveChart.Plot.Axis(VtChAxisIdX).ValueScale.Auto = True
Me.CurveChart.Plot.Axis(VtChAxisIdY).ValueScale.Auto = True
For i = 1 To SolarNI
    Me.CurveChart.Row = i
    Me.CurveChart.Column = 1
    Me.CurveChart.Data = SolarX(i)
    Me.CurveChart.Row = i
    Me.CurveChart.Column = 2
    Me.CurveChart.Data = SolarY(i)
Next i

End Sub
```

其中用到了衰减计算,计算代码如下:

```
Public Sub SunIsc()
        Dim AM As Double
        Dim M As Double
        Dim pz As Double    '高度修正
        Dim e As Double
        Dim k1 As Double
        Esc = 1367
        E0 = Esc * (1 + 0.034 * Cos(SumDay * 2 * PI / 365))
        '计算大气质量
        If Solar_h * 180 / PI > = 30 Then
            M = 1 / Sin(Solar_h)
        Else
            M = (1229 + (614 * Sin(Solar_h)) ^ 2) ^ 0.5 - 614 * _
                Sin(Solar_h)
        End If
        P = ((288 - 0.0065 * Altitude) / 288) ^ 5.256
        M = M * P
        '计算大气透明度
        e = 2.718281828
        k1 = 0.8
        Solar_Tao = 0.56 * (e ^ (-0.56 * M) + e ^ (-0.096 * M)) * k1
        SunG = E0 * Solar_Tao * Sin(Solar_h)
End Sub
```

大气衰减特性计算结果如图 5-8 所示。

太阳高度角计算控件设计如图 5-9 所示。

太阳高度角计算代码如下:

```
Private Sub SunHCmd_Click()
        Call SunDeltaPick_Change

        Dim BeginTime As Double
```

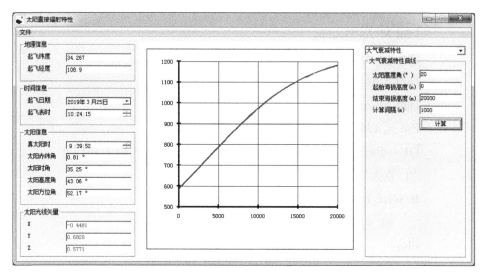

图 5-8 大气衰减特性计算结果

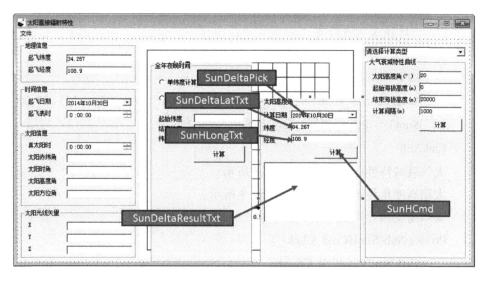

图 5-9 太阳高度角计算控件设计

```
Dim EndTime As Double
Dim StepTime As Double
Dim DeltaTime As Double
Dim THour As Double
Dim TMin As Double
Dim TSec As Double
Dim TCosX As Double

StepTime = 30

NowLat = Val(Me.SunDeltaLatTxt.Text) * PI / 180
NowLong = Val(Me.SunHLongTxt.Text)
DeltaTime = (NowLong − 120) / 15

TCosX = −Sin(NowLat) * Sin(SunDelta) / (Cos(NowLat) * _
        Cos(SunDelta))
If Abs(TCosX) < 1 Then
    EndTime = 12 + (ACos(TCosX) * 180 / PI) / 15 − DeltaTime
    BeginTime = 12 − (ACos(TCosX) * 180 / PI) / 15_
                − DeltaTime
    If BeginTime < 0 Then
        BeginTime = BeginTime + 12
    End If
    If EndTime > 24 Then
        EndTime = EndTime − 12
    End If

    THour = Int(BeginTime)
    TMin = (BeginTime − THour) * 60
    TSec = (TMin − Int(TMin)) * 60
    TMin = Int(TMin)
```

```
Me.SunDeltaResultTxt.Text = ""
Me.SunDeltaResultTxt.Text = "太阳升起时间" + vbNewLine
Me.SunDeltaResultTxt.Text = Me.SunDeltaResultTxt.Text +_
                            CStr(THour) + ":"_
                            + CStr(TMin) + ":"_
                            + Format(TSec, "00")_
                            + vbNewLine

THour = Int(EndTime)
TMin = (EndTime - THour) * 60
TSec = TMin - Int(TMin)
TMin = Int(TMin)
Me.SunDeltaResultTxt.Text = Me.SunDeltaResultTxt.Text_
                            + "太阳落山时间" + vbNewLine
Me.SunDeltaResultTxt.Text = Me.SunDeltaResultTxt.Text_
                            + CStr(THour) + ":"_
                            + CStr(TMin) + ":"_
                            + Format(TSec, "00")
Else
    If TCosX < 0 Then
        Me.SunDeltaResultTxt.Text = "极昼呀"
    Else
        Me.SunDeltaResultTxt.Text = "极夜呀"
    End If
End If

SolarNI = (EndTime - BeginTime) * 2 + 1
ReDim SolarX(SolarNI) As Double
ReDim SolarY(SolarNI) As Double
SolarX(1) = BeginTime
SolarX(SolarNI) = EndTime
```

```
For i = 2 To SolarNI - 1
    SolarX(i) = CInt(SolarX(1)) + 0.5 * (i - 1)
    SolarY(i) = 15 * (12 - (SolarX(i) + DeltaTime))_
                / 180 * PI
    SolarY(i) = ASin(Sin(NowLat) * Sin(SunDelta)_
                + Cos(NowLat) * Cos(SunDelta)_
                * Cos(SolarY(i)))
    SolarY(i) = SolarY(i) * 180 / PI
Next i


Me.CurveChart.Plot.UniformAxis = False
Me.CurveChart.RowCount = SolarNI
Me.CurveChart.ColumnCount = 2
Me.CurveChart.Plot.Axis(VtChAxisIdX).ValueScale.Auto = False
Me.CurveChart.Plot.Axis(VtChAxisIdX).ValueScale.Minimum = 4
Me.CurveChart.Plot.Axis(VtChAxisIdX).ValueScale.Maximum = 22
Me.CurveChart.Plot.Axis(VtChAxisIdX).ValueScale.MajorDivision = 18


Me.CurveChart.Plot.Axis(VtChAxisIdY).ValueScale.Auto = False
Me.CurveChart.Plot.Axis(VtChAxisIdY).ValueScale.Minimum = 0
Me.CurveChart.Plot.Axis(VtChAxisIdY).ValueScale.Maximum = 90
Me.CurveChart.Plot.Axis(VtChAxisIdY).ValueScale.MajorDivision = 9


For i = 1 To SolarNI
    Me.CurveChart.Row = i
    Me.CurveChart.Column = 1
    Me.CurveChart.Data = SolarX(i)
    Me.CurveChart.Row = i
    Me.CurveChart.Column = 2
    Me.CurveChart.Data = SolarY(i)
Next i
```

End Sub

太阳高度角影响运行结果如图 5-10 所示。

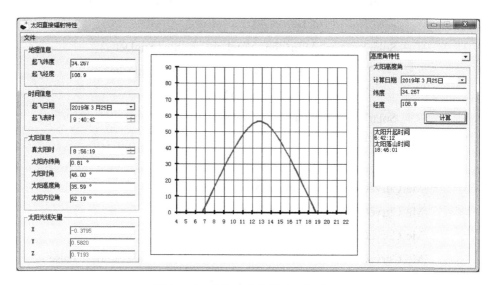

图 5-10　太阳高度角影响运行结果

全天太阳辐射强度计算控件设计如图 5-11 所示。

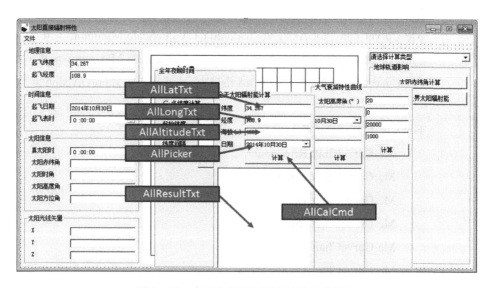

图 5-11　全天太阳辐射强度计算控件设计

全天太阳辐射强度计算代码：

```
Private Sub AllCalCmd_Click( )
    Call AllPicker_Change
    Dim BeginTime As Double
    Dim EndTime As Double
    Dim StepTime As Double
    Dim DeltaTime As Double
    Dim THour As Double
    Dim TMin As Double
    Dim TSec As Double
    Dim TCosX As Double
    Dim DaySumG As Double

    DaySumG = 0
    StepTime = 30
    NowLat = Val( Me.AllLatTxt.Text) ∗ PI / 180
    NowLong = Val( Me.AllLongTxt.Text)
    Solar.Altitude = Val( Me.AllAltitudeTxt.Text)
    DeltaTime = ( NowLong − 120) / 15

    TCosX = −Sin( NowLat) ∗ Sin( SunDelta) / ( Cos( NowLat) ∗ _
    Cos( SunDelta) )
    If Abs( TCosX) < 1 Then
        EndTime = 12 + ( ACos( TCosX) ∗ 180 / PI) / 15 − DeltaTime
        BeginTime = 12 − ( ACos( TCosX) ∗ 180 / PI) / 15 − DeltaTime
        If BeginTime < 0 Then
            BeginTime = BeginTime + 12
        End If
        If EndTime > 24 Then
            EndTime = EndTime − 12
        End If
```

```
        THour = Int(BeginTime)
        TMin = (BeginTime - THour) * 60
        TSec = (TMin - Int(TMin)) * 60
        TMin = Int(TMin)
        Me.AllResultTxt.Text = ""
        Me.AllResultTxt.Text = "太阳升起时间" + vbNewLine
        Me.AllResultTxt.Text = Me.AllResultTxt.Text + CStr(THour) + ":" +_
        CStr(TMin) + ":" + Format(TSec, "00") + vbNewLine

        THour = Int(EndTime)
        TMin = (EndTime - THour) * 60
        TSec = TMin - Int(TMin)
        TMin = Int(TMin)
        Me.AllResultTxt.Text = Me.AllResultTxt.Text + "太阳落山时间" +_
        vbNewLine
        Me.AllResultTxt.Text = Me.AllResultTxt.Text + CStr(THour) + ":" +_
        CStr(TMin) + ":" + Format(TSec, "00")
    Else
        If TCosX < 0 Then
            Me.AllResultTxt.Text = "极昼呀"
        Else
            Me.AllResultTxt.Text = "极夜呀"
        End If
    End If

    SolarNI = (EndTime - BeginTime) * 2 + 1
    ReDim SolarX(SolarNI) As Double
    ReDim SolarY(SolarNI) As Double
    SolarX(1) = BeginTime
    SolarX(SolarNI) = EndTime
    For i = 2 To SolarNI - 1
```

```
SolarX(i) = CInt(SolarX(1)) + 0.5 * (i − 1)
SolarY(i) = 15 * (12 − (SolarX(i) + DeltaTime)) / 180 * PI
SolarY(i) = ASin(Sin(NowLat) * Sin(SunDelta) + Cos (NowLat) *_
Cos(SunDelta) * Cos(SolarY(i)))
Solar_h = SolarY(i)
Call Solar.SunIsc
SolarY(i) = SunG
DaySumG = DaySumG + (SolarY(i)+SolarY(i−1)) * (SolarX(i)−_
SolarX(i − 1)) / 2
Next i


Me.AllResultTxt.Text = Me.AllResultTxt.Text + vbNewLine + "当天大_
气层上界太阳辐射强度" + vbNewLine
Me.AllResultTxt.Text = Me.AllResultTxt.Text + Format(E0, "0.") +_
"W/m^2" + vbNewLine
Me.AllResultTxt.Text = Me.AllResultTxt.Text + "大气透明度为" +_
vbNewLine
Me.AllResultTxt.Text = Me.AllResultTxt.Text + Format(Solar_Tao,_
"0.00%") + vbNewLine
Me.AllResultTxt.Text = Me.AllResultTxt.Text + "全天太阳辐射强度_
为" + vbNewLine
Me.AllResultTxt.Text = Me.AllResultTxt.Text+Format(DaySumG, "0.0") +_
"W · h/m^2" + vbNewLine


Me.CurveChart.Plot.UniformAxis = False
Me.CurveChart.RowCount = SolarNI
Me.CurveChart.ColumnCount = 2
Me.CurveChart.Plot.Axis(VtChAxisIdX).ValueScale.Auto = False
Me.CurveChart.Plot.Axis(VtChAxisIdX).ValueScale.Minimum = 4
Me.CurveChart.Plot.Axis(VtChAxisIdX).ValueScale.Maximum = 22
Me.CurveChart.Plot.Axis(VtChAxisIdX).ValueScale.MajorDivision = 18
```

```
Me.CurveChart.Plot.Axis(VtChAxisIdY).ValueScale.Minimum = 0
Me.CurveChart.Plot.Axis(VtChAxisIdY).ValueScale.Auto = False
Me.CurveChart.Plot.Axis(VtChAxisIdY).ValueScale.Minimum = 0
Me.CurveChart.Plot.Axis(VtChAxisIdY).ValueScale.Maximum = 1500
Me.CurveChart.Plot.Axis(VtChAxisIdY).ValueScale.MajorDivision = 15


For i = 1 To SolarNI
    Me.CurveChart.Row = i
    Me.CurveChart.Column = 1
    Me.CurveChart.Data = SolarX(i)
    Me.CurveChart.Row = i
    Me.CurveChart.Column = 2
    Me.CurveChart.Data = SolarY(i)
Next i
End Sub
```

全天太阳辐射强度计算运行结果如图 5 - 12 所示。

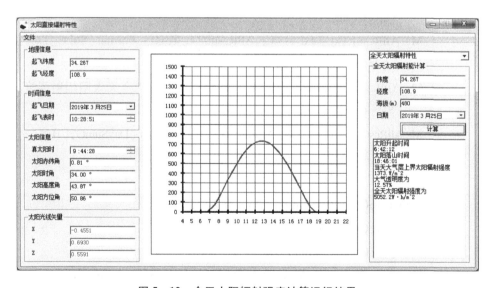

图 5 - 12　全天太阳辐射强度计算运行结果

　　全年夜间时间计算控件设计如图 5 - 13 所示,包括单纬度全年夜间时间计算和多纬度全年夜间时间计算。

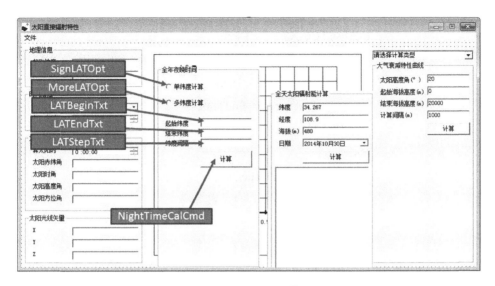

图 5 - 13　全年夜间时间计算控件设计

全年夜间时间计算代码：

```
Private Sub NightTimeCalCmd_Click( )
    Dim TCosX As Double
    Dim NT( ) As Double
    Dim LATName( ) As String
    Dim LATS As Double
    Dim LATB As Double
    Dim LATE As Double
    Dim LATNI As Integer

    If Me.SignLATOpt.Value = True Then
        ReDim NT(365, 2) As Double
        For i = 1 To 365
            SumDay = i
            SunDelta = 0.409 * Sin(2 * PI * (SumDay + 284) / 365)
            NT(i, 1) = i
            NowLat = Val(Me.LATBeginTxt.Text) * PI / 180
            TCosX = -Sin(NowLat) * Sin(SunDelta) / (Cos(NowLat) * _
```

```
Cos( SunDelta))
If Abs( TCosX) < 1 Then
    EndTime = 12 + ( ACos( TCosX) * 180 / PI) / 15
    If EndTime > 24 Then
        EndTime = EndTime - 12
    End If
Else
    If TCosX < 0 Then
        EndTime = 24 '极昼呀
    Else
        EndTime = 12
    End If
End If
SumDay = i + 1
SunDelta = 0.409 * Sin( 2 * PI * ( SumDay + 284) / 365)
TCosX = -Sin( NowLat) * Sin( SunDelta) / ( Cos( NowLat) * _
Cos( SunDelta))
If Abs( TCosX) < 1 Then
    BeginTime = 12 - ( ACos( TCosX) * 180 / PI) / 15
    If BeginTime < 0 Then
        BeginTime = 12 + BeginTime
    End If
Else
    If TCosX < 0 Then
        BeginTime = 0 '极昼呀
    Else
        BeginTime = 12
    End If
End If


NT( i, 2) = 24 - EndTime + BeginTime
```

```
        If NT(i, 2) > 24 Then
            NT(i, 2) = NT(i, 2) - 24
        End If
    Next i


    Me.CurveChart.RowCount = 365
    Me.CurveChart.ColumnCount = 2
    For i = 1 To 365
        Me.CurveChart.Row = i
        Me.CurveChart.Column = 1
        Me.CurveChart.Data = NT(i, 1)
        Me.CurveChart.Row = i
        Me.CurveChart.Column = 2
        Me.CurveChart.Data = NT(i, 2)
    Next i
Else
    LATB = Val(Me.LATBeginTxt.Text)
    LATE = Val(Me.LATEndTxt.Text)
    LATS = Val(Me.LATStepTxt.Text)
LATNI = (LATE - LATB) / LATS + 1
ReDim NT(365, LATNI) As Double
Me.CurveChart.RowCount = 365
Me.CurveChart.ColumnCount = 2 * LATNI
For j = 1 To LATNI
        NowLat = LATB + LATS * (j - 1)
        NowLat = NowLat * PI / 180
        For i = 1 To 365
            SumDay = i
            SunDelta = 0.409 * Sin(2 * PI * (SumDay + 284) / 365)
            TCosX = -Sin(NowLat) * Sin(SunDelta)/(Cos(NowLat) *_
            Cos(SunDelta))
```

```
If Abs(TCosX) < 1 Then
    EndTime = 12 + (ACos(TCosX) * 180 / PI) / 15
    If EndTime > 24 Then
        EndTime = EndTime - 12
    End If
Else
    If TCosX < 0 Then
        EndTime = 24 '极昼呀
    Else
        EndTime = 12
    End If
End If
SumDay = i + 1
SunDelta = 0.409 * Sin(2 * PI * (SumDay + 284) / 365)
TCosX = -Sin(NowLat) *_Sin(SunDelta) / (Cos(NowLat) *_
Cos(SunDelta))
If Abs(TCosX) < 1 Then
    BeginTime = 12 - (ACos(TCosX) * 180 / PI) / 15
    If BeginTime < 0 Then
        BeginTime = 12 + BeginTime
    End If
Else
    If TCosX < 0 Then
        BeginTime = 0 '极昼呀
    Else
        BeginTime = 12
    End If
End If
NT(i, j) = 24 - EndTime + BeginTime
If NT(i, j) > 24 Then
    NT(i, j) = NT(i, j) - 24
```

```
            End If
        Next i
    Me.CurveChart.DataGrid.ColumnLabel(2 * (j - 1) + 1, 1) = _
    CStr(LATB + LATS * (j - 1))
    For i = 1 To 365
        Me.CurveChart.Row = i
        Me.CurveChart.Column = (j - 1) * 2 + 1
        Me.CurveChart.Data = CInt(i)
        Me.CurveChart.Row = i
        Me.CurveChart.Column = (j - 1) * 2 + 2
        Me.CurveChart.Data = NT(i, j)
    Next i
    Next j
    End If
End Sub
```

多纬度和单纬度全年夜间时间计算的运行结果分别如图 5 - 14 和图 5 - 15 所示。

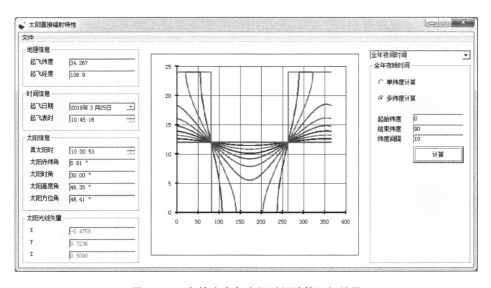

图 5 - 14　多纬度全年夜间时间计算运行结果

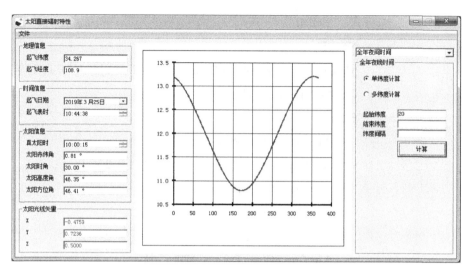

图 5-15 单纬度全年夜间时间计算运行结果

5.10 结果分析

图 5-16 为模型测试的全年大气层上界太阳辐射总能量随时间变化的曲线,横坐标从 1 月 1 日开始,可以看出在北半球冬天大气层上界太阳辐射总能是最大的,而夏天是最小的。其主要原因在于,当北半球为夏天时,地球与太阳的距离远;当北半球为冬天时,地球与太阳的距离近。

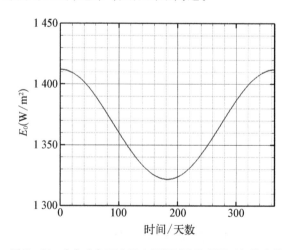

图 5-16 全年大气层上界太阳辐射总能量随时间的变化

图 5 - 17 所示为时差修正结果,北京时间对应东经 120°,每 15°存在 1 个小时的时差。分别计算了东经 105°和东经 135°与东经 120°的时差,发现两者都与北京时间差 1 个小时,与真实情况相符。

图 5 - 17　经度修正的当地时差

(a) 经度 105°;(b) 经度 120°;(c) 经度 135°

夏至日中午 12 时,太阳直射北回归线。图 5 - 18 将当地纬度设置在北回归线上,经度使用北京时间对应的经度,日期为夏至日,时刻为中午 12 点。从图 5 - 18 可以看出,此时太阳高度角为 90°,即垂直射向地面。太阳时角、方位角都为 0°。

图 5 - 18　夏至日正午北回归线太阳高度角计算

　　图 5 - 19 为以西安地区为例计算的不同月份的太阳高度角全天变化规律,可以看出,夏至日全天最大太阳高度角最大,冬至日全天太阳高度角最小。不同月份下,全天太阳高度角的曲线形态是不一样的。因此,需要特别注意的是,在某些计算中,会采用简化的计算方法,比如,在计算日出时间、日落时间和当天最大高度角后,直接对高度角按时间进行简单的插值计算。虽然这样会减少高度角的计算时间,但会造成全天太阳高度角曲线形态的失真,如图 5 - 20 所示。特别是越接近冬至日失真越严重,非最大高度角处高度角的损失会引起计算辐射的总能量损失。

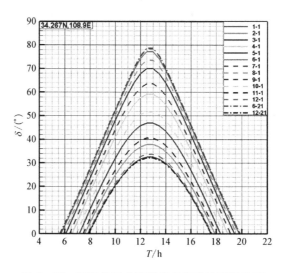

图 5 - 19　西安地区太阳高度角与当地时间关系

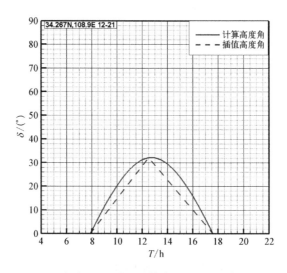

图 5 - 20　西安地区太阳直接计算高度角和插值高度角的差异

第6章

机 翼 设 计

对于全机的太阳辐射计算分析,需要先建立全机模型,并在模型对应的位置铺设太阳能电池板,然后进行计算。本章以机翼设计为目标,针对模型构建和全机太阳辐射计算求解的程序开发进行讲解。

6.1 方法介绍

机翼设计是飞机设计的核心。在布局定义中,包含了机翼(wing)、平尾(horizontal tail)、垂尾(vertical tail)、V尾(V-tail)、鸭翼(canard)、腹鳍(ventral fin)等。根据型号研制工作的经验,在设计机翼模块的时候可将设计方法归纳为4种,如图6-1所示。

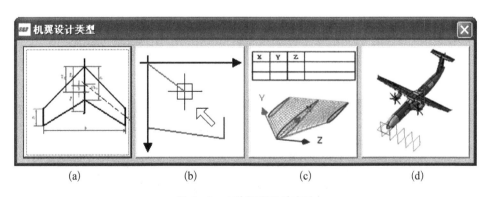

图6-1 4种机翼设计方法

(a)参数化机翼设计;(b)绘图法机翼设计;(c)端面设置法机翼设计;(d)CATIA剖面法机翼设计

(1)参数化机翼设计,即面向无拐折机翼设计,通过定义参数生成半翼展机翼投影图,然后转化为三维机翼,并装配翼型。

(2)绘图法机翼设计,即在坐标图上绘制半翼展机翼投影图,然后转化为三维机翼,并装配翼型。

(3) 端面设置法机翼设计,即在三维基准翼上开展端面添加、删除、修改的操作。该方法可用于复杂翼面形状的机翼设计,也可以用于预警机雷达天线罩的设计。

(4) CATIA 剖面法机翼设计。以往当我们能够获得某飞机的数模文件而缺乏其总体参数定义文件的时候,都是截取剖面抽取翼型,然后测量翼面的参数,等等。这样不仅烦琐,而且容易出错。CATIA 剖面法翼面设计可直接读取截取的剖面,获得相应的翼型、位置等信息,并重新组装整个翼面,实现从三维数模到计算模型的快速转换。

6.1.1 参数化机翼设计

参数化机翼设计直接引用的是 AAA 软件中平直翼的计算公式,如图 6-2 所示。在其界面设计上,可实时显示因为参数变化带来的机翼变化,并对比不同参数下机翼形状的差异。图 6-3~图 6-5 为本软件的设计流程。

Wing	Horizontal Tail	Vertical Tail	Canard	V-Tail
Fuselage	Landing Gear	AeroPack	Scale	
Wing Type Selection				
Straight Tapered	Cranked Wing	Fuel Volume	Aileron	Chord Length
Select Input Parameters Combination				
$b, c_r, c_t, \Lambda_{c/4}$	$AR, S, \lambda, \Lambda_{c/4}$	$AR, S, c_r, \Lambda_{c/4}$	$AR, S, \lambda, \Lambda_{LE}$	

图 6-2　AAA 软件中平直翼设计界面

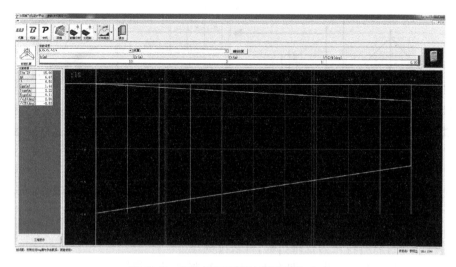

图 6-3　参数化机翼设计平面形状确定

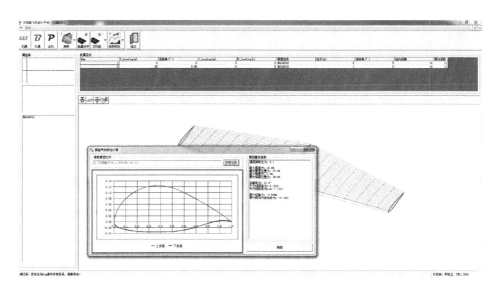

图 6-4　参数化机翼设计翼型配置

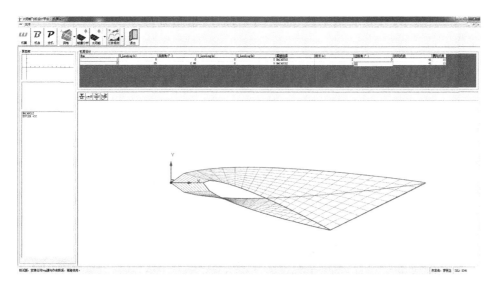

图 6-5　参数化机翼设计几何扭转设计

具体的参数化机翼设计流程如下：

（1）单击左上角按钮，新建一个机翼，选择不同的核心设计参数类型。

（2）填写核心设计参数，单击计算机翼，即可在左侧参数栏中显示机翼的其他参数，在绘图区显示当前机翼的几何外形。

（3）再次新建一个机翼,填写不同的核心设计参数,计算新的机翼,对比两者差异。

（4）支持删除当前机翼。

（5）在对比多个机翼设计结果并选择合适的机翼后,单击左下角的三维显示,进入翼型配置、扭转角设计、网格布置等工作。

6.1.2　绘图法机翼设计

目前现有的设计分析平台无法支持基于绘图操作的机翼设计。该方法的基本流程如下:

（1）新建一个绘图区域。

（2）根据绘制翼面的尺寸设置绘图区域的大小。

（3）从对称面开始用鼠标单击绘图,绘图过程中实时显示后掠角、线段长度、鼠标位置。

（4）支持对绘制点的移动、删除、添加。

（5）完成平面形状绘制后,与参数化翼面设计一样,进入三维显示,开始翼型配置、扭转角设计、网格布置等工作。

图 6-6~图 6-9 为绘制过程和显示结果。

图 6-6　绘图法机翼设计按钮

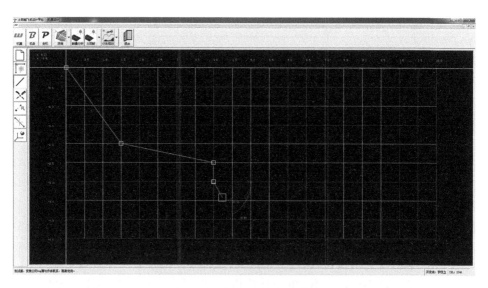

图 6-7　绘图法机翼设计过程

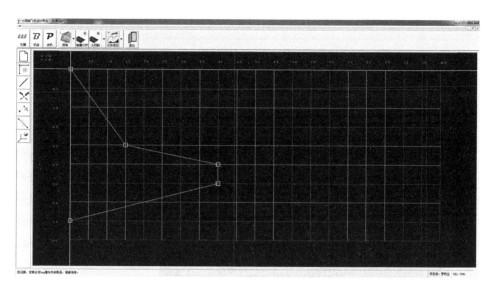

图 6-8 绘图法机翼设计平面绘制

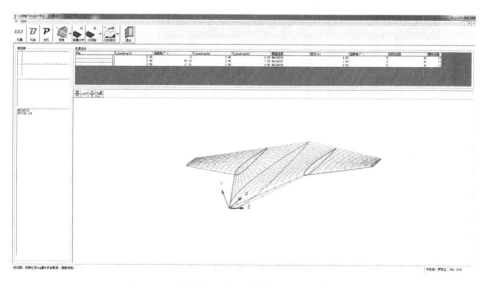

图 6-9 绘图法机翼设计翼型配置与三维显示

6.1.3 端面设置法机翼设计

端面设置法机翼设计的操作流程与 XFLR[18] 类似。在 XLFR 中,机翼设计前需要先导入翼型,如图 6-10 所示。而在本平台中,可以在机翼设计过程中同步开展翼型的添加和删除操作,如图 6 - 11 所示。

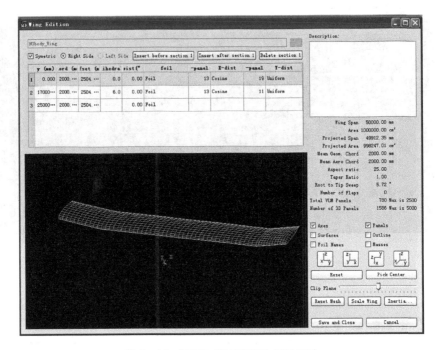

图 6 - 10　XLFR 端面设置法机翼设计

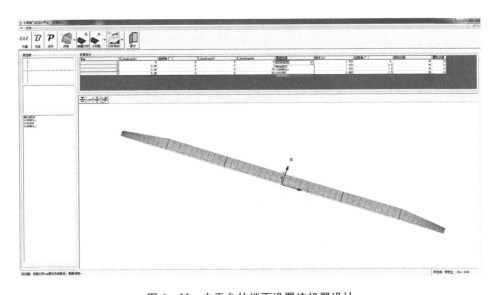

图 6 - 11　本平台的端面设置法机翼设计

6.1.4　CATIA 剖面法机翼设计

在飞机设计中,CATIA 广泛应用于外形设计与数学模型(数模)发放。但是,每个人建立 CATIA 模型的方式不同,无法通过二次开发读取飞机的参数化信息,因此需要对 CATIA 数模进行参数化转换。为此,本平台设计了 CATIA 数模参数化过程模块,如图 6-12 和图 6-13 所示。

图 6-12　CATIA 中截取剖面

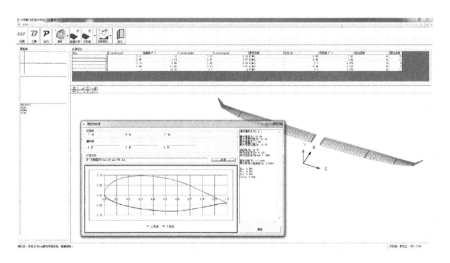

图 6-13　本平台的 CATIA 剖面法机翼设计

其主要流程如下:

（1）在 CATIA 环境中，就全机对称面建立一个偏移的投影基准面。避免选取剖面时干扰视线。

（2）在 CATIA 上建立截取剖面，求出剖面与翼面的交线，修补交线，如图 6－13 所示。

（3）在投影基准面上，就与截取截面相同偏移量的位置建立该剖面的投影面，对修补后的交线做投影操作。

（4）将该交线复制，并新建一个部件，在交线上布置点序列，并隐藏该剖面曲线，保存为 IGES 文件格式。

（5）将 IGES 文件格式转换为 dat 文件格式。

（6）对称面信息和偏移信息设置好以后，在软件中导入 dat 文件，本平台支持乱序导入，系统会自动根据翼面点的信息沿展向布置剖面、构建机翼。

从上述的案例可以看出，无论哪种机翼设计方法，最后都归结到基于剖面的设计，所以下述章节主要就基于剖面的机翼设计展开。

6.2 窗体设计

窗体设计如图 6－14 所示，本节仅就窗体操作进行介绍，涉及图像操作的内容将在 6.7 节进行介绍。

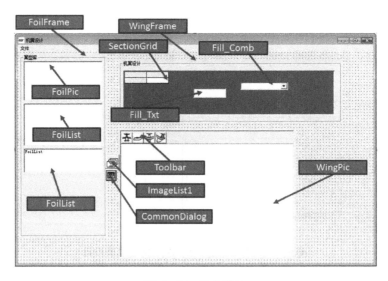

图 6－14 窗体设计

当程序运行的时候,有默认的机翼出现,如图 6 - 15 所示。

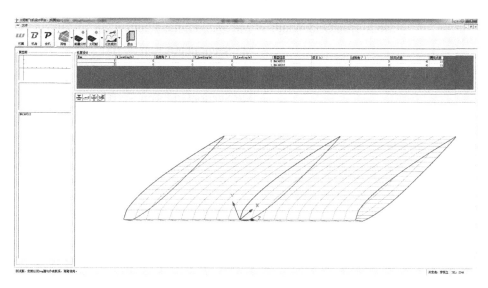

图 6 - 15　初始化

从图 6 - 15 可以看出,初始化分为两个部分:一个是显示初始化,一个数据初始化。

显示初始化需要在 Form_Resize( ) 中进行:

```
Private Sub Form_Resize( )
    If Me.WindowState <> 1 And Me.ScaleHeight > 300 Then
        Me.FoilFrame.Top = 200
        Me.FoilFrame.Left = 100
        Me.FoilFrame.Height = Me.ScaleHeight - 300
        If Me.FoilFrame.Height > Me.FoilList.Top Then
            Me.FoilList.Height = Me.FoilFrame.Height_
                            - Me.FoilList.Top - 200
        End If
        Me.WingFrame.Top = 200
        Me.WingFrame.Left = Me.FoilFrame.Left_
                        + Me.FoilFrame.Width + 100
        Me.WingFrame.Width = Me.ScaleWidth - Me.WingFrame.Left - 100
```

```
        Me.SectionGrid.Top = 200
        Me.SectionGrid.Left = 100
        Me.SectionGrid.Width = Me.WingFrame.Width _
                        - Me.SectionGrid.Left - 100
        Me.SectionGrid.Height = Me.WingFrame.Height_
                        - Me.SectionGrid.Top - 100
        For i = 0 To 8
            Me.SectionGrid.ColWidth(i) = (Me.SectionGrid.Width _
                        - 500) / 10
        Next i
        Me.WingPic.Top = Me.WingFrame.Top + Me.WingFrame.Height _
                + 100
        Me.WingPic.Left = Me.WingFrame.Left
        Me.WingPic.Width = Me.WingFrame.Width
        Me.WingPic.Height = Me.ScaleHeight - Me.WingFrame.Height_
                - 100
        Me.Toolbar.Top = 0
        Me.Toolbar.Left = 0
        Me.Toolbar.Width = Me.WingPic.Width
    End If
End Sub
```

数据初始化包括机翼参数模块的翼型库的初始化。机翼参数模块的初始化代码如下:

```
Me.SectionGrid.Rows = 2
Me.SectionGrid.Cols = 10
Me.SectionGrid.TextMatrix(0, 0) = "Num"
Me.SectionGrid.TextMatrix(0, 1) = "X_Leading(m)"
Me.SectionGrid.TextMatrix(0, 2) = "后掠角(°)"
Me.SectionGrid.TextMatrix(0, 3) = "Y_Leading(m)"
Me.SectionGrid.TextMatrix(0, 4) = "Z_Leading(m)"
Me.SectionGrid.TextMatrix(0, 5) = "翼型选择"
```

```
Me.SectionGrid.TextMatrix(0, 6) = "弦长(m)"
Me.SectionGrid.TextMatrix(0, 7) = "扭转角(°)"
Me.SectionGrid.TextMatrix(0, 8) = "弦向点数"
Me.SectionGrid.TextMatrix(0, 9) = "展向点数"
```

在翼型库初始化前,需要定义以下结构体变量:

```
Public Type FoilData
        ID As Integer
        FoilName As String
        NI As Integer
        X(14) As Double
        YL(14) As Double
        YU(14) As Double
        Swet As Double
        MThick As Double '最大厚度
        XThick As Double '最大厚度位置
        MCamber As Double '最大弯度
        XCamber As Double '最大弯度位置
        CLa As Double
        Alpha0 As Double
        Cm0 As Double
End Type
```

初始化翼型库需要一个翼型文件。在工程目录下建立一个初始化的目录 Inidat,然后在初始化目录下建立一个翼型文件,翼型文件格式如图 6-16 所示。翼型文件分为两个部分:数据列表部分是翼型的外形文件,参数部分是翼型的属性信息。如图 6-16 所示,翼型文件参数部分的第一列,是按照《飞机设计手册(第 6 册)》[19]的求解翼型参数的方法划分的 X 坐标,第二列是上表面 Y 坐标,第三列是下表面的 Y 坐标。在后续导入新的翼型文件时,需要对导入翼型文件进行处理,将上、下表面分离,按照 X 坐标插值求出新的上、下表面的 Y 坐标。根据《飞机设计手册(第 6 册)》的属性求解方法求解升力线斜率、零升迎角、零升俯仰力矩系数。

翼型库的初始化代码:

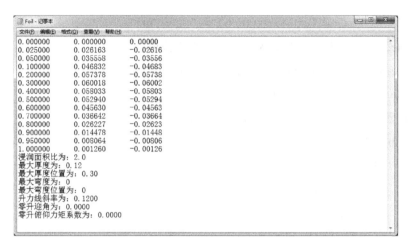

图 6 - 16   初始化翼型库的翼型文件

```
Public Sub IniFoil( )
    FoilPraTxt.Text = " "
    Sec.FoilNI = 1
    MyFoil(0).FoilName = "NACA0012"
    Me.FoilList.Clear
    Me.FoilList.AddItem MyFoil(0).FoilName
    MyFoil(0).ID = 0
    MyFoil(0).NI = 14
    TFileName = App.Path + " \Inidat\foil.ini"
    Open TFileName For Input As #1
    For i = 1 To 14
        Input #1, MyFoil(0).X(i), MyFoil(0).YU(i), MyFoil(0).YL(i)
    Next i
    Input #1, TStr
    Ts = Split(TStr, " : ")
    MyFoil(0).Swet = Val(Ts(1))
    Input #1, TStr
    Ts = Split(TStr, " : ")
    MyFoil(0).MThick = Val(Ts(1))
    Input #1, TStr
```

```
        Ts = Split(TStr, " : ")
        MyFoil(0).XThick = Val(Ts(1))
        Input #1, TStr
        Ts = Split(TStr, " : ")
        MyFoil(0).MCamber = Val(Ts(1))
        Input #1, TStr
        Ts = Split(TStr, " : ")
        MyFoil(0).XCamber = Val(Ts(1))
        Input #1, TStr
        Ts = Split(TStr, " : ")
        MyFoil(0).CLa = Val(Ts(1))
        Input #1, TStr
        Ts = Split(TStr, " : ")
        MyFoil(0).Alpha0 = Val(Ts(1))
        Input #1, TStr
        Ts = Split(TStr, " : ")
        MyFoil(0).Cm0 = Val(Ts(1))
        Close #1
End Sub
```

因为 4 种机翼设计方法共用该窗体,所以在基于剖面法机翼设计过程中需要再次对参数模块进行初始化。代码如下:

```
Public Sub IniSec()
        Me.SectionGrid.Rows = 3
        Me.SectionGrid.Cols = 10

        Me.SectionGrid.TextMatrix(0, 0) = "Num"
        Me.SectionGrid.TextMatrix(0, 1) = "X_Leading(m)"
        Me.SectionGrid.TextMatrix(0, 2) = "后掠角(°)"
        Me.SectionGrid.TextMatrix(0, 3) = "Y_Leading(m)"
        Me.SectionGrid.TextMatrix(0, 4) = "Z_Leading(m)"
        Me.SectionGrid.TextMatrix(0, 5) = "翼型选择"
```

```
Me.SectionGrid.TextMatrix(0, 6) = "弦长(m)"
Me.SectionGrid.TextMatrix(0, 7) = "扭转角(°)"
Me.SectionGrid.TextMatrix(0, 8) = "弦向点数"
Me.SectionGrid.TextMatrix(0, 9) = "展向点数"

Me.SectionGrid.TextMatrix(1, 0) = "1"
Me.SectionGrid.TextMatrix(2, 0) = "2"
Me.SectionGrid.TextMatrix(1, 1) = "0"
Me.SectionGrid.TextMatrix(1, 2) = "0"
Me.SectionGrid.TextMatrix(1, 3) = "0"
Me.SectionGrid.TextMatrix(1, 4) = "0"
Me.SectionGrid.TextMatrix(1, 5) = "NACA0012"
Me.SectionGrid.TextMatrix(1, 6) = "1"
Me.SectionGrid.TextMatrix(1, 7) = "0"
Me.SectionGrid.TextMatrix(1, 8) = "41"
Me.SectionGrid.TextMatrix(1, 9) = "11"
Me.SectionGrid.TextMatrix(2, 1) = "0"
Me.SectionGrid.TextMatrix(2, 2) = "0"
Me.SectionGrid.TextMatrix(2, 3) = "0"
Me.SectionGrid.TextMatrix(2, 4) = "1"
Me.SectionGrid.TextMatrix(2, 5) = "NACA0012"
Me.SectionGrid.TextMatrix(2, 6) = "1"
Me.SectionGrid.TextMatrix(2, 7) = "0"
Me.SectionGrid.TextMatrix(2, 8) = "41"
Me.SectionGrid.TextMatrix(2, 9) = "11"

End Sub
```

在机翼参数模块中,希望能够修改机翼的相关参数以构建不同的机翼:双击对应参数的单元格,就会出现修改区,修改数据后,按回车键更新;在翼型选择单元下,双击出现下拉框,可以选择左侧翼型库内的翼型进行替换。机翼参数修改效果如图 6‐17 所示。在 VB6.0 中使用的是 MSFlexGrid 控件,该控制不支持上述功能,需要自己添加代码进行实现。

图 6 - 17　机翼参数修改

双击操作的具体代码如下：

```
Private Sub SectionGrid_DblClick( )
    If Me.SectionGrid.Col <> 5 Then
        Me.Fill_Txt.Visible = True
        Me.Fill_Txt.Text = " "
        Me.Fill_Txt.SetFocus
        Me.Fill_Txt.Left = Me.SectionGrid.Left + 40
        Me.Fill_Txt.Top = Me.SectionGrid.Top + 40
        For i = 0 To Me.SectionGrid.Col − 1
            Me.Fill_Txt.Left = Me.Fill_Txt.Left_
                                + Me.SectionGrid.ColWidth( i )
        Next i
        For i = Me.SectionGrid.TopRow − 1 To Me.SectionGrid.Row − 1
            Me.Fill_Txt.Top = Me.Fill_Txt.Top _
                                + Me.SectionGrid.RowHeight( i )
        Next i
        Me.Fill_Txt.Width = Me.SectionGrid.ColWidth( Me.SectionGrid.Col )
        Me.Fill_Txt.Height =_
                    Me.SectionGrid.RowHeight( Me.SectionGrid.Row )
        Me.Fill_Txt.Text = Me.SectionGrid.TextMatrix( Me.SectionGrid._
        Row, Me.SectionGrid.Col )
        Me.Fill_Txt.SelLength = Len( Me.Fill_Txt.Text )
        TxtRow = Me.SectionGrid.Row
        TxtCol = Me.SectionGrid.Col
    End If
```

```
If Me.SectionGrid.Col = 5 Then
    Me.Fill_Comb.Clear
    For i = 0 To Me.FoilList.ListCount - 1
        Me.Fill_Comb.AddItem Me.FoilList.List(i)
    Next i
    Me.Fill_Comb.Visible = True
    Me.Fill_Comb.Text = ""
    Me.Fill_Comb.SetFocus
    Me.Fill_Comb.Left = Me.SectionGrid.Left + 40
    Me.Fill_Comb.Top = Me.SectionGrid.Top + 40
    For i = 0 To Me.SectionGrid.Col - 1
        Me.Fill_Comb.Left = Me.Fill_Comb.Left_
                        + Me.SectionGrid.ColWidth(i)
    Next i
    For i = Me.SectionGrid.TopRow - 1 To Me.SectionGrid.Row - 1
        Me.Fill_Comb.Top = Me.Fill_Comb.Top_
                        + Me.SectionGrid.RowHeight(i)
    Next i
    Me.Fill_Comb.Width = _
                    Me.SectionGrid.ColWidth(Me.SectionGrid.Col)
    For i = 0 To Me.Fill_Comb.ListCount - 1
        If Me.Fill_Comb.List(i) = _
                Me.SectionGrid.TextMatrix(Me.SectionGrid.Row,  _
                Me.SectionGrid.Col) Then
            Me.Fill_Comb.ListIndex = i
        End If
    Next i
    Me.Fill_Comb.SelLength = Len(Me.Fill_Comb.Text)
    TxtRow = Me.SectionGrid.Row
    TxtCol = Me.SectionGrid.Col
End If
```

End Sub

填写参数后，对于文本框来说，按回车键就可把参数回填到单元格里。具体的实现代码如下：

```
Private Sub Fill_Txt_KeyPress( KeyAscii As Integer)
    Dim X1 As Double
    Dim Y1 As Double
    Dim X2 As Double
    Dim Y2 As Double
    Dim Talpha As Double

    If KeyAscii = vbKeyReturn Then
        Me.SectionGrid.TextMatrix( TxtRow, TxtCol) = Me.Fill_Txt.Text
        If TxtCol = 8 Then
            For i = 1 To Me.SectionGrid.Rows - 1
                Me.SectionGrid.TextMatrix( i, 8) = Me.Fill_Txt.Text
            Next i
        End If
        If TxtCol = 1 And TxtRow <> 1 Then
            X1 = Me.SectionGrid.TextMatrix( TxtRow - 1, 1)
            Y1 = Me.SectionGrid.TextMatrix( TxtRow - 1, 4)
            X2 = Me.SectionGrid.TextMatrix( TxtRow, 1)
            Y2 = Me.SectionGrid.TextMatrix( TxtRow, 4)
            Me.SectionGrid.TextMatrix( TxtRow, 2) = Format( Atn( ( X2 -_
            X1) / ( Y2 - Y1)) * 180 / PI, "0.00")
        End If
        If TxtCol = 4 And TxtRow <> 1 Then
            X1 = Me.SectionGrid.TextMatrix( TxtRow - 1, 1)
            Y1 = Me.SectionGrid.TextMatrix( TxtRow - 1, 4)
            Talpha = Me.SectionGrid.TextMatrix( TxtRow, 2)
            Y2 = Me.SectionGrid.TextMatrix( TxtRow, 4)
            Me.SectionGrid.TextMatrix( TxtRow, 1) = Format( Tan( Talpha *_
```

```
        PI / 180) * (Y2 - Y1) + X1, "0.00")
    End If
    If TxtCol = 2 And TxtRow <> 1 Then
        X1 = Me.SectionGrid.TextMatrix(TxtRow - 1, 1)
        Y1 = Me.SectionGrid.TextMatrix(TxtRow - 1, 4)
        Y2 = Me.SectionGrid.TextMatrix(TxtRow, 4)
        Talpha = Me.SectionGrid.TextMatrix(TxtRow, 2)
        Me.SectionGrid.TextMatrix(TxtRow, 1) = Format(Tan(Talpha *_
        PI / 180) * (Y2 - Y1) + X1, "0.00")
    End If
    Me.Fill_Txt.Visible = False
    End If
End Sub
```

左侧翼型库的设计包括翼型的图形显示、翼型的属性显示及翼型库列表。在操作时单击翼型库列表中的翼型名称,即可在图形显示区显示该翼型的外形,并分为上、下表面显示。运行结果如图 6-18 所示。

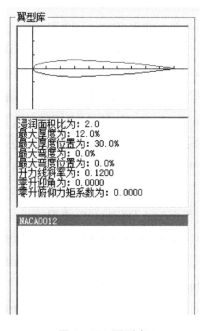

图 6-18 翼型库

翼型库模块实现具体的代码如下:

对绘图区进行初始化。

```
Public Sub IniPic( )
    Me.FoilPic.Cls
    Me.FoilPic.ForeColor = vbBlack
    Me.FoilPic.Line (-0.1, 0)-(1.1, 0)
    Me.FoilPic.Line (0, 0.3)-(0, -0.3)
    For i = 1 To 10
        Me.FoilPic.Line (0.1 * i, 0)-(0.1 * i, 0.02)
    Next i
    For i = 1 To 4
        Me.FoilPic.Line (0, -0.2 + i * 0.1)-(0.02, -0.2 + i * 0.1)
    Next i
End Sub
```

在列表的单击事件中添加以下代码:

```
Private Sub FoilList_Click( )
    Me.IniPic
    Me.FoilPic.ForeColor = vbRed
    For i = 1 To 13
        Me.FoilPic.Line (MyFoil(Me.FoilList.ListIndex).X(i),_
                MyFoil(Me.FoilList.ListIndex).YU(i))- _
                (MyFoil(Me.FoilList.ListIndex).X(i + 1),_
                MyFoil(Me.FoilList.ListIndex).YU(i + 1))
    Next i
    Me.FoilPic.ForeColor = vbBlue
    For i = 1 To 13
        Me.FoilPic.Line (MyFoil(Me.FoilList.ListIndex).X(i), _
                MyFoil(Me.FoilList.ListIndex).YL(i))- _
                (MyFoil(Me.FoilList.ListIndex).X(i + 1),_
                MyFoil(Me.FoilList.ListIndex).YL(i + 1))
    Next i
```

```vb
With FoilPraTxt
    .Text = " "
    .Text = .Text + "浸润面积比为："_
        + Format(MyFoil(Me.FoilList.ListIndex).Swet, "0.0")_
        + vbNewLine
    .Text = .Text + "最大厚度为："_
        + Format(MyFoil(Me.FoilList.ListIndex).MThick, "0.0%")_
        + vbNewLine
    .Text = .Text + "最大厚度位置为："_
        + Format(MyFoil(Me.FoilList.ListIndex).XThick, "0.0%")_
        + vbNewLine
    .Text = .Text + "最大弯度为："_
        + Format(MyFoil(Me.FoilList.ListIndex).MCamber, "0.0%")_
        + vbNewLine
    .Text = .Text + "最大弯度位置为："_
        + Format(MyFoil(Me.FoilList.ListIndex).XCamber, "0.0%")_
        + vbNewLine
    .Text = .Text + "升力线斜率为："_
        + Format(MyFoil(Me.FoilList.ListIndex).CLa, "0.0000")_
        + vbNewLine
    .Text = .Text + "零升迎角为："_
        + Format(MyFoil(Me.FoilList.ListIndex).Alpha0, "0.0000")_
        + vbNewLine
    .Text = .Text + "零升俯仰力矩系数为："_
        + Format(MyFoil(Me.FoilList.ListIndex).Cm0, "0.0000")
End With
End Sub
```

6.3 菜单设计

机翼设计模块有两种菜单设计方式，一种是主菜单，一种是弹出式菜单。如

图6-19~图6-21所示。其中主菜单是实现文件处理的功能单,弹出式菜单可在对应工作区实现相应的插入、添加、删除等功能。

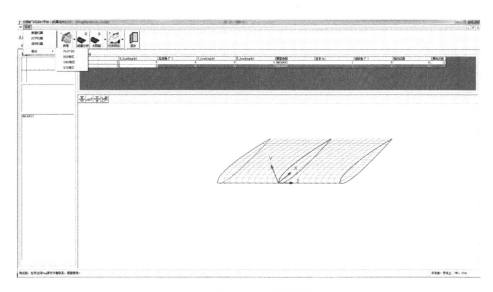

图6-19 文件处理菜单

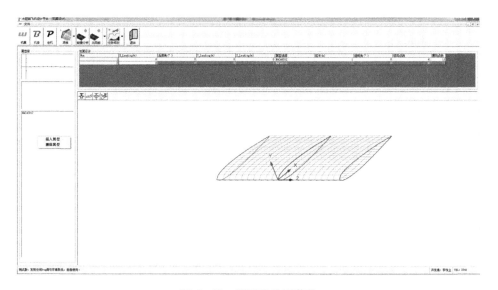

图6-20 翼型库处理菜单

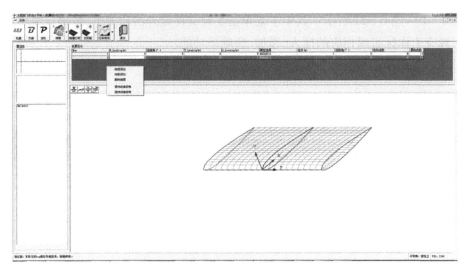

图 6 - 21　机翼设计菜单

　　翼型库的处理菜单使用弹出式菜单。具体操作是在翼型库列表区单击鼠标右键时弹出菜单。代码如下：

```
Private Sub FoilList_MouseDown(Button As Integer, Shift As Integer, X As Single, y As Single)
    If Button = 2 Then
        Me.PopupMenu Me.mFoil
    End If
End Sub
```

翼型库处理菜单包括插入翼型和删除翼型。

插入翼型是直接弹出添加翼型的窗体,在 6.4 节详细介绍。

```
Private Sub mFoilInput_Click()
    Call AeroFoil.Show
End Sub
```

删除翼型的代码如下:

```
Private Sub mFoilDelet_Click()
    For i = Me.FoilList.ListIndex To Sec.FoilNI - 1
        Sec.MyFoil(i) = Sec.MyFoil(i + 1)
    Next i
    Sec.FoilNI = Sec.FoilNI - 1
```

```
Me.FoilList.RemoveItem Me.FoilList.ListIndex
Me.FoilPraTxt.Text = ""
Call IniPic
End Sub
```

在机翼参数区中,弹出的菜单即为机翼设计菜单,具体菜单及命名如表 6-1 所示。

表 6-1　机翼设计菜单对应的剖面添加菜单及其命名

向后添加	mWingBack
向前添加	mWingFor
删除剖面	mWingDelte

向后添加剖面数据的代码如下:

```
Private Sub mWingBack_Click( )
    Dim AddRow As Integer
    Me.SectionGrid.Rows = Me.SectionGrid.Rows + 1
    Me.SectionGrid.T extMatrix( Me.SectionGrid.Rows - 1, 0) = _
                Me.SectionGrid.Rows - 1
    For i = Me.SectionGrid.Rows - 1 To Me.SectionGrid.RowSel + 2 Step -1
        For j = 1 To 9
            Me.SectionGrid.TextMatrix(i, j) = _
            Me.SectionGrid.TextMatrix(i - 1, j)
        Next j
    Next i

    AddRow = Me.SectionGrid.RowSel + 1
    With Me.SectionGrid
    If AddRow = Me.SectionGrid.Rows - 1 Then
        .TextMatrix(AddRow, 1) = Val(.TextMatrix(AddRow - 1, 1)) * 2
        .TextMatrix(AddRow, 2) = Val(.TextMatrix(AddRow - 1, 2))
        .TextMatrix(AddRow, 3) = Val(.TextMatrix(AddRow - 1, 3)) * 2
        .TextMatrix(AddRow, 4) = Val(.TextMatrix(AddRow - 1, 4)) * 2
```

```
        For i = 5 To 9
            Me.SectionGrid.TextMatrix( AddRow, i) = _
            Me.SectionGrid.TextMatrix( AddRow - 1, i)
        Next i
    Else
        .TextMatrix( AddRow, 1) = ( Val( .TextMatrix( AddRow - 1, 1)) +_
                        Val( .TextMatrix( AddRow + 1, 1))) / 2
        .TextMatrix( AddRow, 2) = Val( .TextMatrix( AddRow + 1, 2))
        .TextMatrix( AddRow, 3) = ( Val( .TextMatrix( AddRow - 1, 3)) +_
                        Val( .TextMatrix( AddRow + 1, 3))) / 2
        .TextMatrix( AddRow, 4) = ( Val( .TextMatrix( AddRow - 1, 4)) +_
                        Val( .TextMatrix( AddRow + 1, 4))) / 2
        For i = 5 To 9
            Me.SectionGrid.Text Matrix( AddRow, i) = _
                        Me.SectionGrid.TextMatrix( AddRow - 1, i)
        Next i
        .TextMatrix( AddRow, 6) = ( Val( .TextMatrix( AddRow - 1, 6)) +_
                        Val( .TextMatrix( AddRow + 1, 6))) / 2
    End If
    End With
End Sub
```

向前添加剖面数据的代码如下:

```
Private Sub mWingFor_Click( )
    Me.SectionGrid.Rows = Me.SectionGrid.Rows + 1
    Me.SectionG rid.TextMatrix( Me.SectionGrid.Rows - 1, 0) = _
            Me.SectionGrid.Rows - 1
    For i = Me.SectionGrid.Rows - 2 To Me.SectionGrid.RowSel Step -1
        For j = 1 To 9
            Me.SectionGrid.TextMatrix( i + 1, j) = _
                Me.SectionGrid.TextMatrix( i, j)
        Next j
    Next i
```

```
AddRow = Me.SectionGrid.RowSel - 1
With Me.SectionGrid
    .TextMatrix(AddRow + 1, 1) = (Val(.TextMatrix(AddRow, 1)) +_
                                Val(.TextMatrix(AddRow + 2, 1)))/2
    .TextMatrix(AddRow + 1, 2) = Val(.TextMatrix(AddRow + 2, 2))
    .TextMatrix(AddRow + 1, 3) = (Val(.TextMatrix(AddRow, 3)) +_
                                Val(.TextMatrix(AddRow + 2, 3)))/2
    .TextMatrix(AddRow + 1, 4) = (Val(.TextMatrix(AddRow, 4)) +_
                                Val(.TextMatrix(AddRow + 2, 4)))/2
    For i = 5 To 9
        Me.SectionGrid.TextMatrix(AddRow + 1, i) = _
            Me.SectionGrid.TextMatrix(AddRow, i)
    Next i
    .TextMatrix(AddRow + 1, 6) = (Val(.TextMatrix(AddRow, 6))_
    + Val(.TextMatrix(AddRow + 2, 6))) / 2
End With
End Sub
```

删除剖面数据的代码如下：

```
Private Sub mWingDelte_Click()
    If Me.SectionGrid.Rows <= 3 Then
        MsgBox "至少需要 2 个剖面数据!", vbOKOnly, "提示"
        Exit Sub
    End If
    For i = Me.SectionGrid.RowSel To Me.SectionGrid.Rows - 2
        For j = 1 To 9
            Me.SectionGrid.TextMatrix(i, j) = _
                Me.SectionGrid.TextMatrix(i + 1, j)
        Next j
    Next i
    Me.SectionGrid.Rows = Me.SectionGrid.Rows - 1
    TxtCol = 0
```

```
        TxtRow = 0
End Sub
```

6.4 导入翼型

模块初始化只包含一个 NACA0012 翼型。对于机翼设计来说,需要插入不同类型的翼型才能满足设计要求。这就需要有一个可以导入翼型的窗体。导入翼型窗体设计如图 6-22 所示,运行效果如图 6-23 所示。

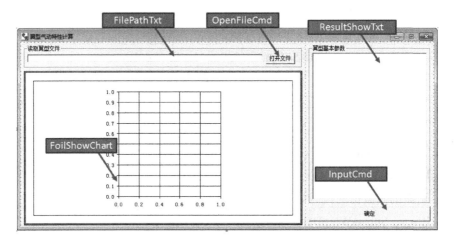

图 6-22 导入翼型窗体设计

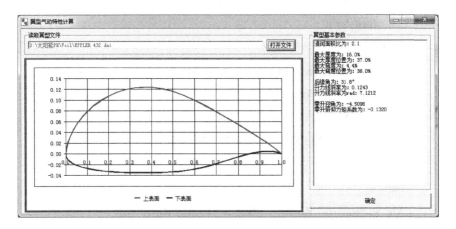

图 6-23 导入翼型的运行效果

一般翼型都以离散点的形式进行定义。导入的翼型文件格式如图 6－24 所示，左侧为 *X* 坐标，右侧为 *Y* 坐标。默认定义翼型的离散点从翼型的后缘开始，绕翼型一周到后缘。部分翼型定义的离散点从下表面开始，或者从上表面开始。为了保障程序的鲁棒性，需要在这个过程中进行必要的数据操作。此外，翼型数据的离散点间距不统一，为了保证程序数据的一致性，需要对离散点间距进行统一。统一的间距定义参考《飞机设计手册(第六册)》计算翼型属性中点的间距方式。

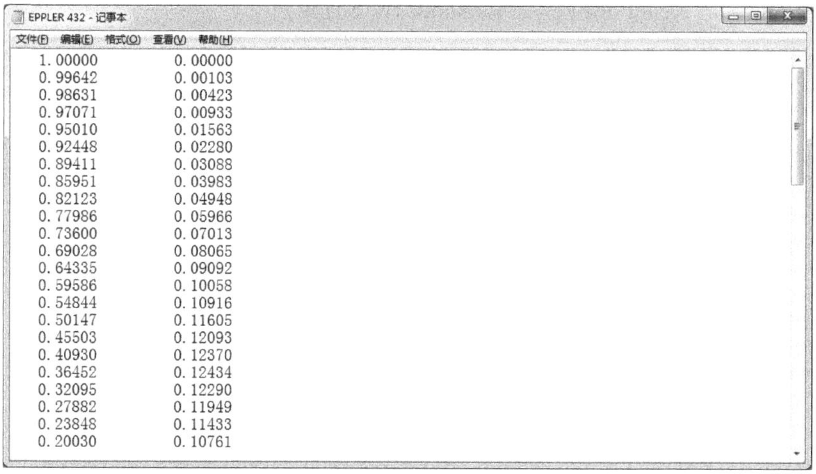
EPPLER 432 - 记事本
文件(F)　编辑(E)　格式(O)　查看(V)　帮助(H)

1.00000	0.00000
0.99642	0.00103
0.98631	0.00423
0.97071	0.00933
0.95010	0.01563
0.92448	0.02280
0.89411	0.03088
0.85951	0.03983
0.82123	0.04948
0.77986	0.05966
0.73600	0.07013
0.69028	0.08065
0.64335	0.09092
0.59586	0.10058
0.54844	0.10916
0.50147	0.11605
0.45503	0.12093
0.40930	0.12370
0.36452	0.12434
0.32095	0.12290
0.27882	0.11949
0.23848	0.11433
0.20030	0.10761

图 6－24　导入的翼型文件格式

导入翼型的代码如下：

```
Private Sub OpenFileCmd_Click( )
    Me.CommonDialog.InitDir = App.Path + " \foil"
    Me.ResultShowTxt.Text = ""
    Me.CommonDialog.Filter = " *.dat| *.dat"
    Me.CommonDialog.ShowOpen
    If Me.CommonDialog.FileName <> "" Then
        var.TFileName = Me.CommonDialog.FileName
        Me.FilePathTxt.Text = var.TFileName
        Call var.ReadFoilFile( var.TFileName)
        Call var.Distribute( Me)
        Call var.FoilShow( Me.FoilShowChart)
        Call var.ThickAndCamber( Me)
```

```
        Call var.Foil_A0(Me)
        Call var.Foil_Cm0(Me)
    End If
End Sub
```

上述过程涉及的代码分别如下所示。

读取翼型文件的代码如下：

```
Public Sub ReadFoilFile(TFileName As String)
    Dim i As Integer
    Open TFileName For Input As #1
    i = 1
    Do While Not EOF(1)
        Input #1, OX(i), OY(i)
        i = i + 1
    Loop
    ONI = i - 1
    Close #1
End Sub
```

对翼型文件的数据进行规整的代码如下：

```
Public Sub Distribute(myform As Form)
    Dim LI As Integer
    Dim i As Integer
    Sline = 0#
    For i = 1 To ONI - 1
        Sline = Sline + ((OX(i + 1) - OX(i)) ^ 2 + (OY(i + 1) - OY_
        (i)) ^ 2) ^ 0.5
    Next i
    With myform.ResultShowTxt
        .Text = .Text + "浸润面积比为: " + Format(Sline, "0.0") +_
        vbNewLine + vbNewLine
    End With
```

```
LI = 0
For i = 1 To ONI
    If OX(i) = 0 Then
        LI = i
    End If
Next i
Dim Smin As Double
Smin = 1000
If LI = 0 Then
    For i = 1 To ONI
        If Smin >= Abs(OX(i)) Then
            Smin = Abs(OX(i))
            LI = i
        End If
    Next i
End If
UNI = LI
LNI = ONI - LI + 1
For i = LI To 1 Step -1
    AXU(LI - i + 1) = OX(i)
    AYU(LI - i + 1) = OY(i)
Next i
For i = LI To ONI
    AXL(i - LI + 1) = OX(i)
    AYL(i - LI + 1) = OY(i)
Next i
If AYL(LNI / 2) > AYU(UNI / 2) Then
    For i = 1 To LNI
        OX(i) = AXL(i)
        OY(i) = AYL(i)
    Next i
```

```
        For i = 1 To UNI
            AXL(i) = AXU(i)
            AYL(i) = AYU(i)
        Next i
        For i = 1 To LNI
            AXU(i) = OX(i)
            AYU(i) = OY(i)
        Next i
        i = LNI
        LNI = UNI
        UNI = i
    End If
    If AYL(LNI) <> AYU(UNI) Then
        AYL(LNI) = (AYL(LNI) + AYU(UNI)) / 2
        AYU(UNI) = AYL(LNI)
    End If
    If AXL(LNI) > AXU(UNI) Then
        AXU(UNI) = AXL(LNI)
    Else
        AXL(LNI) = AXU(UNI)
    End If
End Sub
```

显示翼型的代码如下:

```
Public Sub FoilShow(FoilShowChart As MSChart)
    With FoilShowChart
        .ColumnCount = 4
        .ShowLegend = True
        .Legend.Location.LocationType = VtChLocationTypeBottom
        .DataGrid.ColumnLabel(1, 1) = "上表面"
        .DataGrid.ColumnLabel(3, 1) = "下表面"
        If UNI >= LNI Then
```

```
.RowCount = UNI
For i = 1 To UNI
    .Row = i
    .Column = 1
    .Data = AXU(i)
    .Row = i
    .Column = 2
    .Data = AYU(i)
Next i
For i = 1 To LNI
    .Row = i
    .Column = 3
    .Data = AXL(i)
    .Row = i
    .Column = 4
    .Data = AYL(i)
Next i
For i = LNI To UNI
    .Row = i
    .Column = 3
    .Data = AXL(LNI)
    .Row = i
    .Column = 4
    .Data = AYL(LNI)
Next i
Else
    .RowCount = LNI
    For i = 1 To LNI
        .Row = i
        .Column = 3
        .Data = AXL(i)
```

```
                    .Row = i
                    .Column = 4
                    .Data = AYL(i)
                Next i
                For i = 1 To UNI
                    .Row = i
                    .Column = 1
                    .Data = AXU(i)
                    .Row = i
                    .Column = 2
                    .Data = AYU(i)
                Next i
                For i = UNI To LNI
                    .Row = i
                    .Column = 1
                    .Data = AXU(UNI)
                    .Row = i
                    .Column = 2
                    .Data = AYU(UNI)
                Next i
            End If
        End With
    End Sub
```

翼型厚度及弯度计算的代码如下：

```
Public Sub ThickAndCamber(myform As Form)
    Dim NI As Integer
    NI = 101
    Dim TX(101) As Double
    Dim NYU(101) As Double
    Dim NYL(101) As Double
    Dim YSUM(101) As Double
```

```
Dim YSUB(101) As Double


For i = 1 To NI
    TX(i) = (i - 1) / (NI - 1)
    Call Math.INAKima(UNI, AXU, AYU, -1, TX(i), S)
    NYU(i) = S(5)
    Call Math.INAKima(LNI, AXL, AYL, -1, TX(i), S)
    NYL(i) = S(5)
    YSUM(i) = NYU(i) - NYL(i)
    YSUB(i) = (NYU(i) + NYL(i)) / 2
Next i


var.MThick = -100
var.MCamber = -100
For i = 1 To NI
    If YSUM(i) >= var.MThick Then
        var.MThick = YSUM(i)
        var.XThick = TX(i)
    End If
    If YSUB(i) >= var.MCamber Then
        var.MCamber = YSUB(i)
        var.XCamber = TX(i)
    End If
Next i


Dim DY90 As Double
Dim DY99 As Double
Dim Dy As Double


Dy = NYU(90) - NYU(99)
Tao = Atn(Dy / 0.09) * 2 / 3.14 * 180
```

```
FoilCLa = 6.28 + 4.7 * MThick * (1 + 0.00375 * Tao)
FoilCLa = FoilCLa / 57.3


With myform.ResultShowTxt
    .Text = .Text + "最大厚度为: " + Format(MThick, "0.0%") +_
        vbNewLine
    .Text = .Text + "最大厚度位置为: " + Format(XThick, "0.0%") +_
        vbNewLine
    .Text = .Text + "最大弯度为: " + Format(MCamber, "0.0%") +_
        vbNewLine
    If var.MCamber <> 0 Then
        .Text = .Text + "最大弯度位置为: " _
            + Format(XCamber, "0.0%")_
            + vbNewLine + vbNewLine
    Else
        .Text = .Text + "最大弯度位置为: "_
            + Format(0, "0.0%") + vbNewLine + vbNewLine
    End If
    .Text = .Text + "后缘角为: " + Format(Tao, "0.0") _
        + "°" + vbNewLine
    .Text = .Text + "升力线斜率为: " _
        + Format(FoilCLa, "0.0000") + vbNewLine
    .Text = .Text + "升力线斜率为 rad: " _
        + Format(FoilCLa * 57.3, "0.0000")_
        + vbNewLine + vbNewLine
End With
End Sub
```

求解翼型零升迎角的代码如下:

```
Public Sub Foil_A0(myform As Form)
    X(1) = 0#
    X(2) = 0.025
```

X(3) = 0.05

X(4) = 0.1

X(5) = 0.2

X(6) = 0.3

X(7) = 0.4

X(8) = 0.5

X(9) = 0.6

X(10) = 0.7

X(11) = 0.8

X(12) = 0.9

X(13) = 0.95

X(14) = 1#

a(1) = 2.9

a(2) = 4.22

a(3) = 3.12

a(4) = 4.82

a(5) = 5.88

a(6) = 5.76

a(7) = 6.26

a(8) = 7.34

a(9) = 9.38

a(10) = 13.44

a(11) = 23.5

a(12) = 43.44

a(13) = 119.7

a(14) = −329.8


```
var.FoilA0 = 0
For i = 1 To 14
    Call Math.INAKima( UNI, AXU, AYU, −1, X( i ), S)
```

```
            NYU(i) = S(5)
            Call Math.INAKima(LNI, AXL, AYL, -1, X(i), S)
            NYL(i) = S(5)
            var.FoilA0 = var.FoilA0 + a(i) * (NYU(i) + NYL(i)) / 2

        Next i
        var.FoilA0 = var.FoilA0 * -1
        With myform.ResultShowTxt
            .Text = .Text + "零升迎角为："_
                + Format(var.FoilA0, "0.0000") + vbNewLine
        End With
    End Sub
```

求解翼型零升俯仰力矩系数的代码如下：

```
Public Sub Foil_Cm0(myform As Form)
        Dim X(14) As Double
        Dim K(14) As Double
        Dim NYU(14) As Double
        Dim NYL(14) As Double

        X(1) = 0#
        X(2) = 0.025
        X(3) = 0.05
        X(4) = 0.1
        X(5) = 0.2
        X(6) = 0.3
        X(7) = 0.4
        X(8) = 0.5
        X(9) = 0.6
        X(10) = 0.7
        X(11) = 0.8
        X(12) = 0.9
```

```
X(13) = 0.95
X(14) = 1#

K(1) = 0.238
K(2) = 0.312
K(3) = 0.208
K(4) = 0.248
K(5) = 0.148
K(6) = 0.018
K(7) = -0.09
K(8) = -0.202
K(9) = -0.34
K(10) = -0.546
K(11) = -0.954
K(12) = -1.572
K(13) = -6.052
K(14) = -9.578

var.FoilCm0 = 0
For i = 1 To 14
    Call Math.INAKima(UNI, AXU, AYU, -1, X(i), S)
    NYU(i) = S(5)
    Call Math.INAKima(LNI, AXL, AYL, -1, X(i), S)
    NYL(i) = S(5)
    var.FoilCm0 = var.FoilCm0 + K(i) * (NYU(i) + NYL(i)) / 2
Next i

With myform.ResultShowTxt
    .Text = .Text + "零升俯仰力矩系数为: " _
        + Format(var.FoilCm0, "0.0000") + vbNewLine
End With
End Sub
```

6.5 插值函数

6.4 节使用了插值函数 INAKima。该函数为阿克码(Akima)光顺插值,与拉格朗日插值相比,其避免了高阶插值的不稳定性。Akima 光顺插值与三次样条插值都考虑了导数的影响。不同的是,三次样条插值采用全局光顺拟合方法,而Akima 光顺插值采用局部光顺插值。这样减小了误差传递范围,降低了计算量,其插值结果与三次样条插值相比更加光顺与自然。本节所有的插值过程都采用该函数,该函数来自《Fortran 常用算法程序集》[20],将其 Fortran 代码改写为 VB代码:

```
Public Sub INAKima( N As Integer, X( ) As Double, Y( ) As Double,  _
K As Integer, t As Double, S( ) As Double)


        'N 整型变量, 给定结点个数
        'X 存放 X(I)的值
        'Y 存放 Y(i)的值
        'K 为负数
        't 求解的任意自变量
        'S 得到的 S5 为因变量


        Dim KK As Integer, L As Integer, M As Integer
        Dim U(5) As Double, P As Double, Q As Double


    S(5) = 0#
    S(1) = 0#
    S(2) = 0#
    S(3) = 0#
    S(4) = 0#


    If N < 1 Then
        Exit Sub
```

End If

If N = 1 Then
    S(1) = Y(1)
    S(5) = Y(1)
    Exit Sub
End If

If N = 2 Then
    S(1) = Y(1)
    S(2) = (Y(2) - Y(1)) / (X(2) - X(1))
    If K < 0 Then
        S(5) = (Y(1) * (t - X(2)) - Y(2) * (t - X(1))) / (X_
        (1) - X(2))
    End If
    Exit Sub
End If

'开始插值
If K < 0 Then
    If t <= X(2) Then
        KK = 0
    Else
        If t >= X(N) Then
            KK = N - 2
        Else
        KK = 1
        M = N
        While (((KK - M) <> 1) And ((KK - M) <> -1))
            L = (KK + M) / 2
            If t < X(L) Then

```
            M = L
        Else
            KK = L
        End If


        Wend

        KK = KK - 1
        End If
    End If
Else
    KK = K
End If
If KK >= N - 1 Then KK = N - 2
'调用 AKIMA 公式
U(3) = (Y(KK + 2) - Y(KK + 1)) / (X(KK + 2) - X(KK + 1))
If N = 3 Then
    If KK = 0 Then
        U(4) = (Y(3) - Y(2)) / (X(3) - X(2))
        U(5) = 2# * U(4) - U(3)
        U(2) = 2# * U(3) - U(4)
        U(1) = 2# * U(4) - U(3)
    Else
        U(2) = (Y(2) - Y(1)) / (X(2) - X(1))
        U(1) = 2# * U(2) - U(3)
        U(4) = 2# * U(3) - U(2)
        U(5) = 2# * U(4) - U(3)
    End If
Else
    If KK <= 1 Then
        U(4) = (Y(KK + 3) - Y(KK + 2)) / (X(KK + 3) - X_
```

```
(KK + 2))
If KK = 1 Then
    U(2) = (Y(2) - Y(1)) / (X(2) - X(1))
    U(1) = 2# * U(2) - U(3)
    If (N = 4) Then
        U(5) = 2# * U(4) - U(3)
    Else
        U(5) = (Y(5) - Y(4)) / (X(5) - X(4))
    End If
Else
    U(2) = 2# * U(3) - U(4)
    U(1) = 2# * U(2) - U(3)
    U(5) = (Y(4) - Y(3)) / (X(4) - X(3))
End If
Else
If KK >= (N - 3) Then
    U(2) = (Y(KK + 1) - Y(KK)) / (X(KK + 1) - X(KK))
    If (KK = (N - 3)) Then
        U(4) = (Y(N) - Y(N - 1)) / (X(N) - X(N - 1))
        U(5) = 2# * U(4) - U(3)
        If N = 4 Then
            U(1) = 2# * U(2) - U(3)
        Else
            U(1) = (Y(KK) - Y(KK - 1)) / (X(KK) -_
            X(KK - 1))
        End If
    Else
        U(4) = 2# * U(3) - U(2)
        U(5) = 2# * U(4) - U(3)
        U(1) = (Y(KK) - Y(KK - 1)) / (X(KK) - X_
        (KK - 1))
```

```
                    End If
                Else
                    U(2) = (Y(KK + 1) - Y(KK)) / (X(KK + 1) - X(KK))
                    U(1) = (Y(KK) - Y(KK - 1)) / (X(KK) - X(KK - 1))
                    U(4) = (Y(KK + 3) - Y(KK + 2)) / (X(KK + 3) -_
                    X(KK + 2))
                    U(5) = (Y(KK + 4) - Y(KK + 3)) / (X(KK + 4) -_
                    X(KK + 3))
                End If
            End If
        End If


    S(1) = Abs(U(4) - U(3))
    S(2) = Abs(U(1) - U(2))


    If (S(1) + 1# = 1#) And (S(2) + 1# = 1#) Then
        P = (U(2) + U(3)) / 2#
    Else
        P = (S(1) * U(2) + S(2) * U(3)) / (S(1) + S(2))
    End If


    S(1) = Abs(U(4) - U(5))
    S(2) = Abs(U(3) - U(2))
    If (S(1) + 1# = 1#) And (S(2) + 1# = 1#) Then
        Q = (U(3) + U(4)) / 2#
    Else
        Q = (S(1) * U(3) + S(2) * U(4)) / (S(1) + S(2))
    End If


    S(1) = Y(KK + 1)
    S(2) = P
```

$$S(4) = X(KK + 2) - X(KK + 1)$$
$$S(3) = (3\# * U(3) - 2\# * P - Q) / S(4)$$
$$S(4) = (Q + P - 2\# * U(3)) / (S(4) * S(4))$$

If (K < 0) Then
　　$P = t - X(KK + 1)$
　　$S(5) = S(1) + S(2) * P + S(3) * P \hat{~} 2 + S(4) * P \hat{~} 3$
End If
End Sub

6.6　求解机翼

上文介绍了机翼设计过程需要用到的窗体及相关操作,本节将详细介绍如何构造机翼。在 MSFlexGrid 中填写相关参数后,开展构造机翼的计算,如图 6-25 所示。

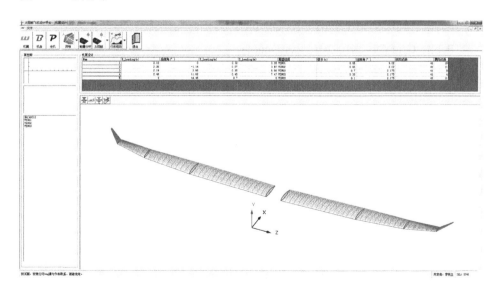

图 6-25　构造机翼

在图 6-25 中,机翼的参数由翼型的前缘坐标点、翼型数据文件、翼型扭转角、翼型弦长、弦向及展向布置点个数组成。需要对这些参数进行一系列的运算以获得机翼的表面网格及机翼的基本参数。当其中一个数据发生变化的时候，都需要调用一次机翼求解过程，并更新 OpenGL 显示。

定义变量的代码如下：

```
'机翼参数
Public WingB As Double

Public WingC As Double

Public WingProjS As Double

Public WingWetS As Double

Public WingMAC As Double

Public WingXMAC As Double

'机翼网格
Public XNI As Integer

Public ZNI As Integer

Public GridZ(201, 201) As Double

Public GridY(201, 201) As Double

Public GridX(201, 201) As Double

Public GridZN(201, 201) As Double

Public GridYN(201, 201) As Double

Public GridXN(201, 201) As Double

'剖面信息
Public SecFoilX(27, 20) As Double

Public SecFoilY(27, 20) As Double

Public SecChord(20) As Double

Public SecX(20) As Double

Public SecY(20) As Double

Public SecZ(20) As Double

Public SecCount As Integer
```

机翼构造过程的代码如下：

```
Public Sub WingConstruct()
    With WingPlaneForm.SectionGrid
    OGL.SecCount = .Rows - 1
```

```
For i = 1 To OGL.SecCount
    OGL.SecChord(i) = Val(.TextMatrix(i, 6))
    OGL.SecX(i) = Val(.TextMatrix(i, 1))
    OGL.SecY(i) = Val(.TextMatrix(i, 3))
    OGL.SecZ(i) = Val(.TextMatrix(i, 4))
    For j = 0 To Sec.FoilNI
        If .TextMatrix(i, 5) = Sec.MyFoil(j).FoilName Then
            OGL.SecIndex = j
        End If
    Next j
    '从后向前装,从下往上装配
    For j = 14 To 1 Step -1
        OGL.SecFoilX(14 - j + 1, i) = Sec.MyFoil(OGL.SecIndex).X(j)
        OGL.SecFoilY(14 - j + 1, i) = Sec.MyFoil(OGL.SecIndex).YL(j)
    Next j
    For j = 1 To 14
        OGL.SecFoilX(14 + j - 1, i) = Sec.MyFoil(OGL.SecIndex).X(j)
        OGL.SecFoilY(14 + j - 1, i) = Sec.MyFoil(OGL.SecIndex).YU(j)
    Next j
    '旋转
    Dim TX As Double
    Dim TY As Double
    Dim Talpha As Double
    Talpha = Val(.TextMatrix(i, 7)) / 180# * PI
    For j = 1 To 27
        TX = OGL.SecFoilX(j, i)
        TY = OGL.SecFoilY(j, i)
        OGL.SecFoilX(j, i) = TX * Cos(Talpha) + TY * Sin_
        (Talpha)
        OGL.SecFoilY(j, i) = -TX * Sin(Talpha) + TY * Cos_
        (Talpha)
```

```
        Next j
        Dim XMin As Double
        Dim XMax As Double
        Dim TChord As Double
        XMin = 1000
        XMax = -1000

        For j = 1 To 27
            If OGL.SecFoilX(j, i) >= XMax Then
                XMax = OGL.SecFoilX(j, i)
            End If
            If OGL.SecFoilX(j, i) <= XMin Then
                XMin = OGL.SecFoilX(j, i)
            End If
        Next j
        TChord = XMax - XMin
        For j = 1 To 27
            OGL.SecFoilX(j, i) = (OGL.SecFoilX(j, i) - XMin) / TChord
            OGL.SecFoilY(j, i) = OGL.SecFoilY(j, i) / TChord
        Next j
    Next i
    End With

    Call OGL.WingPara
    Call OGL.CalGrid
End Sub
```

机翼参数求解的代码如下:

```
Public Sub WingPara()
    OGL.WingB = Abs(OGL.SecZ(OGL.SecCount)) * 2
    OGL.WingProjS = 0
    OGL.WingWetS = 0
```

```
For i = 1 To OGL.SecCount - 1
    OGL.WingProjS = OGL.WingProjS + _
                  (OGL.SecChord(i) + OGL.SecChord(i + 1)) * _
                  (OGL.SecZ(i + 1) - OGL.SecZ(i)) / 2
Next i
OGL.WingProjS = OGL.WingProjS * 2
If OGL.WingB > 0 Then
    OGL.WingC = OGL.WingProjS / OGL.WingB
End If
Dim CSum As Double
Dim DC As Double
Dim DZ As Double
Dim Dx As Double
CSum = 0
For i = 1 To OGL.SecCount - 1
    DZ = OGL.SecZ(i + 1) - OGL.SecZ(i)
    DC = (OGL.SecChord(i) + OGL.SecChord(i + 1)) / 2
    CSum = CSum + DC ^ 2 * DZ
Next i
If OGL.WingProjS > 0 Then
    OGL.WingMAC = CSum * 2 / OGL.WingProjS
    CSum = 0
End If
For i = 1 To OGL.SecCount - 1
    DZ = OGL.SecZ(i + 1) - OGL.SecZ(i)
    Dx = (OGL.SecX(i + 1) + OGL.SecX(i)) / 2
    DC = (OGL.SecChord(i) + OGL.SecChord(i + 1)) / 2
    CSum = CSum + DC * Dx * DZ
Next i
If OGL.WingProjS > 0 Then
    OGL.WingXMAC = CSum * 2 / OGL.WingProjS
```

```
        End If

        OthoX = -1000
        OthoY = -1000
        For i = 1 To OGL.SecCount
            If OGL.SecChord(i) >= OthoX Then OthoX = OGL.SecChord(i)
            If OGL.SecZ(i) >= OthoY Then OthoY = OGL.SecZ(i)
        Next i
        Call OGL.NormalOrth(WingPlaneForm.WingPic)
    End Sub
```

上述机翼参数求解用到了 NormalOrth 函数, 该函数根据机翼的几何信息重新构建显示区域:

```
Public Sub NormalOrth(Pic As PictureBox)
    Dim DXDY As Double
    DXDY = Pic.Width / Pic.Height
    If OGL.SecCount > 0 Then
        OthoX = -1000
        OthoY = -1000
        For i = 1 To OGL.SecCount
            If OGL.SecX(i) + OGL.SecChord(i) >= OthoX Then OthoX =_
            OGL.SecX(i) + OGL.SecChord(i)
            If OGL.SecZ(i) >= OthoY Then OthoY = OGL.SecZ(i)
        Next i
    Else
        OthoX = 1
        OthoY = 1
    End If
    If OGL.OthoX > OGL.OthoY * DXDY Then
        OGL.OthoY = OGL.OthoX / DXDY
    Else
        OGL.OthoX = OGL.OthoY * DXDY
```

```
        End If
End Sub
```

机翼表面网格求解的代码如下：

```
Public Sub CalGrid( )
    Dim PreX( 501, 501) As Double
    Dim PreY( 501, 501) As Double
    Dim PreZ( 501, 501) As Double

    For i = 1 To OGL.SecCount
        For j = 1 To 27
            PreX( j, i) = OGL.SecX( i) + OGL.SecFoilX( j, i) * OGL._
            SecChord( i)
            PreY( j, i) = OGL.SecY( i) + OGL.SecFoilY( j, i) * OGL._
            SecChord( i)
            PreZ( j, i) = OGL.SecZ( i)
        Next j
    Next i
    Dim Sx( 501) As Double
    Dim Sy( 501) As Double
    Dim TSx( 501) As Double
    Dim TSy( 501) As Double

    Dim Sz( 501) As Double
    Dim TX( 207) As Double
    Dim TY( 207) As Double
    '沿弦长插值

    Dim HNI As Integer
    If WingPlaneForm.SectionGrid.Rows >= 2 Then
        XNI = Val( WingPlaneForm.SectionGrid.TextMatrix( 1, 8) )
    End If
```

```
HNI = (XNI + 1) / 2
XNI = HNI * 2 - 1
For i = 1 To OGL.SecCount
    For j = 14 To 1 Step -1
        TX(14 - j + 1) = PreX(j, i)
        TY(14 - j + 1) = PreY(j, i)
    Next j
    For j = HNI To 1 Step -1
        Sx(HNI - j + 1) = ((j - 1) / (HNI - 1)) ^ 1 * OGL._
        SecChord(i) + OGL.SecX(i)
        Call Math.INAKima(14, TX, TY, -1, Sx(HNI - j + 1), S)
        Sy(HNI - j + 1) = S(5)
    Next j
    For j = 14 To 27
        TX(j - 14 + 1) = PreX(j, i)
        TY(j - 14 + 1) = PreY(j, i)
    Next j
    For j = HNI To XNI
        Sx(j) = ((j - HNI) / (XNI - HNI)) ^ 1 * OGL.SecChord_
        (i) + OGL.SecX(i)
        Call Math.INAKima(14, TX, TY, -1, Sx(j), S)
        Sy(j) = S(5)
    Next j
    For j = 1 To XNI
        PreX(j, i) = Sx(j)
        PreY(j, i) = Sy(j)
    Next j
Next i
For i = 1 To XNI
    For j = 1 To OGL.SecCount
        PreZ(i, j) = OGL.SecZ(j)
```

```
        Next j
Next i
Dim NJ As Integer
NJ = 1
For i = 1 To OGL.SecCount - 1
    ZNI = Val(WingPlaneForm.SectionGrid.TextMatrix(i, 9))
    For j = 1 To XNI
        Sz(j) = (PreZ(j, i + 1) - PreZ(j, i)) / (ZNI - 1)
        Sx(j) = (PreX(j, i + 1) - PreX(j, i)) / (ZNI - 1)
        Sy(j) = (PreY(j, i + 1) - PreY(j, i)) / (ZNI - 1)
    Next j
    For j = 1 To ZNI
        For K = 1 To XNI
            OGL.GridZ(K, NJ + j - 1) = PreZ(K, i) + Sz(K) * (j - 1)
            OGL.GridX(K, NJ + j - 1) = PreX(K, i) + Sx(K) * (j - 1)
            OGL.GridY(K, NJ + j - 1) = PreY(K, i) + Sy(K) * (j - 1)
        Next K
    Next j
    NJ = NJ + ZNI - 1
Next i
ZNI = 0
For i = 1 To OGL.SecCount - 1
    ZNI = ZNI + Val(WingPlaneForm.SectionGrid.TextMatrix(i, 9))
Next i
ZNI = ZNI - (OGL.SecCount - 1 - 1)
For i = 1 To ZNI
    For j = 1 To XNI
        OGL.GridXN(j, i) = OGL.GridX(j, i)
        OGL.GridYN(j, i) = OGL.GridY(j, i)
        OGL.GridZN(j, i) = 0 - OGL.GridZ(j, i)
    Next j
```

```
        Next i
    End Sub
```

6.7 显示机翼

在机翼显示过程中,需要显示机翼的剖面和机翼表面网格。在 6.6 节中,已经获得剖面数据和网格数据,因此可以通过绘制线、面来显示机翼。第 5 章提到了面的矢量,在本节中,机翼是按照 XY 对称面来绘制,因此在绘制面的时候需要保证点的次序矢量朝外。

```
Public Sub WingShowG( )
    Dim SecNI(20) As Integer
    SecNI(1) = 1
    For i = 1 To OGL.SecCount − 1
        SecNI(i + 1) = SecNI(i) + _
        Val(WingPlaneForm.SectionGrid.TextMatrix(i, 9)) − 1
    Next i
    For i = 1 To ZNI
        For j = 1 To OGL.SecCount
            If i = SecNI(j) Then
                glLineWidth 3
                glColor3f 0#, 0#, 1#
                glBegin bmLineStrip
                For K = 1 To XNI
                    glVertex3f GridX(K, i), GridY(K, i), GridZ(K, i)
                Next K
                glEnd
                glBegin bmLineStrip
                For K = 1 To XNI
                    glVertex3f GridXN(K, i), GridYN(K, i), GridZN(K, i)
                Next K
```

```
            glEnd
        End If
    Next j
    If i = SecNI( OGL.SelLine) Then
        glLineWidth 3
        glColor3f 1#, 0#, 0#
        glBegin bmLineStrip
        For K = 1 To XNI
            glVertex3f GridX( K, i), GridY( K, i), GridZ( K, i)
        Next K
        glEnd
        glBegin bmLineStrip
        For K = 1 To XNI
            glVertex3f GridXN( K, i), GridYN( K, i), GridZN( K, i)
        Next K
        glEnd
    End If
Next i
'画面
If OGL.ShowResult = False Then
    For i = 1 To XNI − 1
        glColor4f 1, 1, 0.4, 0.4
        glBegin bmQuads
        For j = 1 To ZNI − 1
            glVertex3f GridX( i, j), GridY( i, j), GridZ( i, j)
            glVertex3f GridX( i + 1, j), GridY( i + 1, j), GridZ( i + 1, j)
            glVertex3f GridX( i + 1, j + 1), GridY( i + 1, j + 1),_
                GridZ( i + 1, j + 1)
            glVertex3f GridX( i, j + 1), GridY( i, j + 1), GridZ( i, j + 1)
        Next j
        glEnd
```

```
            glBegin bmQuads
            For j = 1 To ZNI - 1
                glVertex3f GridXN(i,j), GridYN(i,j), GridZN(i,j)
                glVertex3f GridXN(i+1,j), GridYN(i+1,j), GridZN(i+1,j)
                glVertex3f GridXN(i+1,j+1), GridYN(i+1,j+1), _
                    GridZN(i+1,j+1)
                glVertex3f GridXN(i,j+1), GridYN(i,j+1), GridZN(i,j+1)
            Next j
            glEnd
        Next i
    End If
End Sub
```

6.8　保存机翼

机翼的保存不仅需要将 MSFlexGrid 中的参数进行保存,还需要保存翼型库里的数据。如果希望在下一次打开这个机翼文件的时候,机翼的显示还保持退出时的状态,那么还需要保存显示状态信息。具体代码如下:

```
Private Sub mSaveWing_Click()
    Me.CommonDialog.FileName = ""
    Me.CommonDialog.InitDir = App.Path + "\work"
    Me.CommonDialog.Filter = " * .MWing| * .MWing"
    Me.CommonDialog.ShowSave
    If Me.CommonDialog.FileName <> "" Then
        TFileName = Me.CommonDialog.FileName
        Open TFileName For Output As #1
        Print #1, Sec.FoilNI
        For i = 0 To Sec.FoilNI - 1
            Print #1, Sec.MyFoil(i).NI
            For j = 1 To Sec.MyFoil(i).NI
```

```
        Print #1, Format(Sec.MyFoil(i).X(j), "0.000000"), _
                  Format(Sec.MyFoil(i).YU(j), "0.000000"), _
                  Format(Sec.MyFoil(i).YL(j), "0.000000")
    Next j
    Print #1, Sec.MyFoil(i).FoilName
    Print #1, Sec.MyFoil(i).ID
    Print #1, Sec.MyFoil(i).Swet
    Print #1, Sec.MyFoil(i).MThick
    Print #1, Sec.MyFoil(i).XThick
    Print #1, Sec.MyFoil(i).MCamber
    Print #1, Sec.MyFoil(i).XCamber
    Print #1, Sec.MyFoil(i).CLa
    Print #1, Sec.MyFoil(i).Alpha0
    Print #1, Sec.MyFoil(i).Cm0
Next i
Print #1, OGL.SecCount
For i = 1 To OGL.SecCount
    For j = 1 To 9
        Print #1, Me.SectionGrid.TextMatrix(i, j)
    Next j
Next i


Print #1, OGL.OthoX
Print #1, OGL.OthoY
Print #1, OGL.mQuadX
Print #1, OGL.mQuadY
Print #1, OGL.mQuadZ
Print #1, OGL.rQuadX
Print #1, OGL.rQuadY
Print #1, OGL.rQuadZ
Print #1, sQuad
```

```
        Close #1
    End If
    MsgBox "机翼保存完毕!", vbOKOnly, "温馨提示"
End Sub
```

第7章

机 身 设 计

相对于机翼设计,机身的设计过程较简单。本章只给出机身设计的操作代码,不再详细介绍每个环节。

7.1 方法介绍

机身的设计方法与翼面设计方法类似,机身的设计方法如图7-1所示,可分为以下3种:① 基于剖面的机身设计,该方法可以基于 CATIA 剖面,也可以自定义机身剖面;② 参数化机身设计,该方法可以简单地形成旋成体机身外形;③ 截面设置法机身设计,该方法可以生成复杂的机身外形。

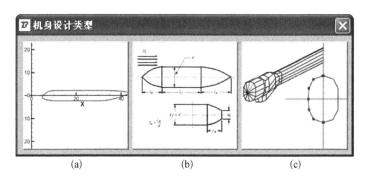

图 7 - 1　机身设计方法

(a) 基于剖面的机身设计;(b) 参数化机身设计;(c) 截面设置法机身设计

7.2 基于剖面的机身设计

直接导入已定义的剖面数据即可生成机身外形网格,网格的尺寸可以自由定义。图 7-2 展示的机身由 CATIA 数模截取的机身剖面数据生成。

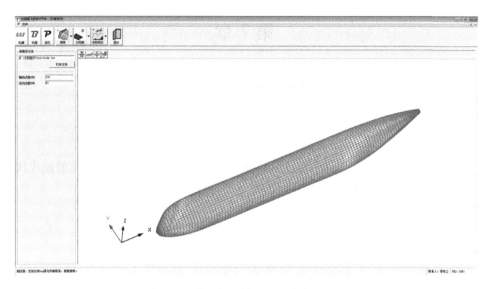

图 7-2 基于剖面的机身设计方法示例

对于基于剖面的机身设计,首先需读入机身剖面数据,分离出上、下表面线条,然后按照划分的点对其进行插值,流程代码如下:

```
Private Sub OpenFoilCmd_Click( )
    If Me.SysComb.ListIndex < 0 Then
        MsgBox "请选择对称面!", vbOKOnly, "警告"
        Exit Sub
    End If
    Me.CommonDialog.InitDir = App.Path + "\data"
    Me.CommonDialog.Filter = " * .dat| * .dat"
    Me.CommonDialog.ShowOpen
    If Me.CommonDialog.FileName <> "" Then
        TFileName = Me.CommonDialog.FileName
        Me.CommonDialog.FileName = ""
        Me.FoilFileTxt.Text = TFileName
        Call BVar.ReadBodyFoil( TFileName )
        Call BVar.NormBodyFoil
```

```
        Call BVar.BodyGridCal
        Call BOGL.BDisplay
    End If
End Sub
```

7.3　参数化机身设计

参数化机身设计使用的是旋成体形式,主要参数有机身长度、前机身长度、后机身长度、机身高度、机身宽度、底部面积等。该方法设计的机身如图 7 - 3 所示。

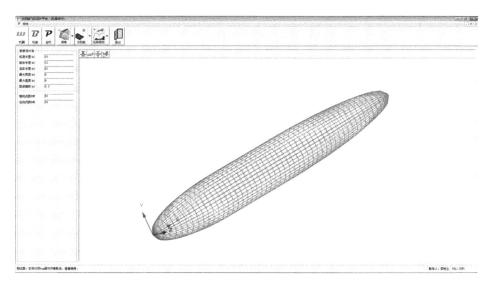

图 7 - 3　参数化机身设计示例

对于参数化机身设计,每个参数变化后都需要进行一次求解,具体代码如下:

```
Call Me.ini_Para
Call BVar.NormBodyPara
Call BVar.BodyGridCal
Call BDisplay
```

其中 ini_Para 是初始化参数的过程,也是在每次参数变化后,对所有参数进行重新赋值的过程。

```
Public Sub ini_Para( )
    With MyBody2
        .L = Val( Me.BodyLenTxt.Text)
        .LAft = Val( Me.BodyLAftTxt.Text)
        .LRear = Val( Me.BodyLRearTxt.Text)
        .Heigh = Val( Me.BodyHeighTxt.Text)
        .Width = Val( Me.BodyWidthTxt.Text)
        .SRear = Val( Me.BodySRearTxt.Text)
        .NI = Val( Me.ParaXNITxt.Text)
    End With
    With MyBGrid
        .XNI = Val( Me.ParaXNITxt.Text)
        .ZNI = Val( Me.ParaZNITxt.Text)
        ReDim .X(.XNI, .ZNI) As Double
        ReDim .y(.XNI, .ZNI) As Double
        ReDim .Z(.XNI, .ZNI) As Double
    End With
End Sub
```

7.4 截面设置法机身设计

截面设置法机身设计类似端面法翼面设计:沿 X 方向设置不同的截面大小和截面类型。设计结果如图 7-4 所示。

机身截面有 3 种类型,分别是矩形、椭圆形和三角形,如图 7-5 所示。

当截面参数发生变化时,与参数化机身设计类似,需要进行一次求解:

```
Call BVar.NormBodySec
Call BVar.BodyGridCal
Call BOGL.BDisplay
```

其中 NormBodySec 是对不同类型机身截面的求解,代码如下:

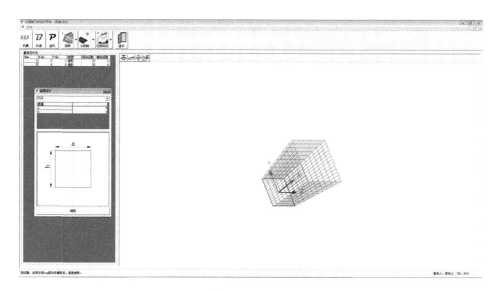

图 7 - 4　截面设置法机身设计示例

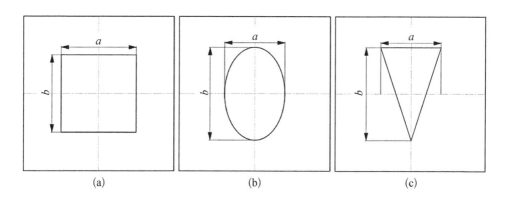

图 7 - 5　截面类型

（a）矩形；（b）椭圆形；（c）三角形

```
Public Sub NormBodySec( )
    Dim QNI As Integer
    Dim Dx As Double
    Dim Dy As Double
    ReDim MyBody3.SecX(MyBody3.SecZNI(1), MyBody3.NI) As Double
    ReDim MyBody3.SecY(MyBody3.SecZNI(1), MyBody3.NI) As Double
    MyBGrid.XNI = 0
```

```
MyBGrid.ZNI = 0
For i = 1 To MyBody3.NI - 1
    MyBGrid.XNI = MyBGrid.XNI + MyBody3.SecXNI(i)
Next i
MyBGrid.XNI = MyBGrid.XNI - (MyBody3.NI - 2)
MyBGrid.ZNI = MyBody3.SecZNI(1)
For i = 1 To MyBody3.NI
    Select Case MyBody3.SecType(i)
        Case "矩形":
            QNI = Int(MyBody3.SecZNI(i) / 4) + 1
            Dx = MyBody3.a(i) / (QNI - 1)
            Dy = MyBody3.B(i) / (QNI - 1)
            For j = 1 To QNI
                MyBody3.SecX(j, i) = -MyBody3.a(i) / 2 + Dx * (j - 1)
                MyBody3.SecY(j, i) = MyBody3.B(i) / 2
            Next j
            For j = 1 To QNI
                MyBody3.SecX(j + QNI - 1, i) = MyBody3.a(i) / 2
                MyBody3.SecY(j + QNI - 1, i) = MyBody3.B(i) / 2_
                                              - Dy * (j - 1)
            Next j
            For j = 1 To QNI
                MyBody3.SecX(j + 2 * QNI - 2, i) = MyBody3.a(i) / 2_
                                                  - Dx * (j - 1)
                MyBody3.SecY(j + 2 * QNI - 2, i) = -MyBody3.B(i) / 2
            Next j
            For j = 1 To QNI
                MyBody3.SecX(j + 3 * QNI - 3, i) = -MyBody3.a(i) / 2
                MyBody3.SecY(j + 3 * QNI - 3, i) = -MyBody3.B(i) / 2_
                                                  + Dy * (j - 1)
            Next j
```

```
Case "椭圆" :
    For j = 1 To MyBody3.SecZNI(i)
        TA = 0.75 * PI - (j - 1) / (MyBody3.SecZNI(i) - 1)_
            * 2 * PI
        CA = Cos(TA)
        SA = Sin(TA)
        MyBody3.SecX(j, i) = MyBody3.a(i) * CA / 2
        MyBody3.SecY(j, i) = MyBody3.B(i) * SA / 2
    Next j
Case "三角形" :
    Dim Trs(4) As Double
    Dim TX(4) As Double
    Dim TY(4) As Double
    ReDim Tds(MyBody3.SecZNI(i)) As Double
    QNI = Int((MyBody3.SecZNI(i)) / 4) + 1
    Trs(1) = 0
    TX(1) = -MyBody3.a(i) / 2
    TY(1) = MyBody3.B(i) / 2
    Trs(2) = MyBody3.a(i)
    TX(2) = MyBody3.a(i) / 2
    TY(2) = MyBody3.B(i) / 2
    For j = 1 To QNI
            Tds(j) = (j - 1) * Trs(2) / (QNI - 1)
            Call Math.LIT(2, Trs, TX, Tds(j), MyBody3.SecX(j, i))
            Call Math.LIT(2, Trs, TY, Tds(j), MyBody3.SecY(j, i))
    Next j
    Trs(1) = 0
    TX(1) = MyBody3.a(i) / 2
    TY(1) = MyBody3.B(i) / 2
    Trs(2) = ((MyBody3.a(i) / 2) ^ 2 + MyBody3.B(i)) ^ 0.5
    TX(2) = 0
```

```
TY(2) = -MyBody3.B(i) / 2
For j = 1 To QNI * 1.5
    Tds(j) = (j - 1) * Trs(2) / (1.5 * QNI - 1)
    Call Math.LIT(2, Trs, TX, Tds(j), MyBody3.SecX_
    (j + QNI - 1, i))
    Call Math.LIT(2, Trs, TY, Tds(j), MyBody3.SecY_
    (j + QNI - 1, i))
Next j
Trs(1) = 0
TX(1) = 0
TY(1) = -MyBody3.B(i) / 2
Trs(2) = ((MyBody3.a(i) / 2) ^ 2 + MyBody3.B(i)) ^ 0.5
TX(2) = -MyBody3.a(i) / 2
TY(2) = MyBody3.B(i) / 2
For j = 1 To QNI * 1.5
    Tds(j) = (j - 1) * Trs(2) / (1.5 * QNI - 1)
    Call Math.LIT(2, Trs, TX, Tds(j), MyBody3.SecX (j +_
    2.5 * QNI - 3, i))
    Call Math.LIT(2, Trs, TY, Tds(j), MyBody3.SecY (j +_
    2.5 * QNI - 3, i))
Next j
    End Select
Next i
End Sub
```

其中 LIT 是线性插值函数,代码如下:

```
Public Sub LIT(n As Integer, X() As Double, y() As Double, NX As
Double, NY As Double)
    Dim Dx As Double
    Dim Dy As Double
    For i = 1 To n - 1
        If NX >= X(i) And NX <= X(i + 1) Then
```

```
                Dx = X(i + 1) – X(i)
                Dy = y(i + 1) – y(i)
                NY = (NX – X(i)) / Dx * Dy + y(i)
        End If
    Next i
End Sub
```

7.5　求解机身

虽然 3 种机身设计方法的机身定义方式不同,但是最后显示的都是机身的网格,且网格都由空间三维坐标构成。因此机身本身的数据结构是一致的,只是不同构造方法的求解方式不同,具体代码如下:

```
Public Sub BodyGridCal()
    With MyBGrid
        ReDim .X(.XNI, .ZNI) As Double
        ReDim .y(.XNI, .ZNI) As Double
        ReDim .Z(.XNI, .ZNI) As Double

        Select Case BVar.BodyModel
        Case 1:
        ' 基于剖面的机身设计
            For i = 1 To .XNI
                For j = 1 To .ZNI
                    TA = (j – 1) / (.ZNI – 1) * 2 * PI
                    CA = Cos(TA)
                    SA = Sin(TA)
                    .X(i, j) = MyBody1.cx(i)
                    .y(i, j) = MyBody1.cy(i) + MyBody1.R(i) * CA
                    .Z(i, j) = MyBody1.R(i) * SA
                Next j
            Next i
```

```
Case 2:
'参数化机身设计
    For i = 1 To .XNI
        For j = 1 To .ZNI
                TA = (j - 1) / (.ZNI - 1) * 2 * PI
                CA = Cos(TA)
                SA = Sin(TA)
                .X(i, j) = MyBody2.cx(i)
                .y(i, j) = MyBody2.a(i) * CA
                .Z(i, j) = MyBody2.B(i) * SA
        Next j
    Next i
Case 3:
'截面设置法机身设计
    Dim NJ As Integer
    Dim Dx As Double
    Dim Dy As Double
    Dim Dz As Double
    NJ = 1
    For i = 1 To MyBody3.NI - 1
        Dx = MyBody3.SecOX(i + 1) - MyBody3.SecOX(i)
        For j = 1 To MyBody3.SecXNI(i)
            For K = 1 To MyBody3.SecZNI(i)
                    Dy = MyBody3.SecOY(i + 1) - MyBody3._
                    SecOY(i) + MyBody3.SecY(K, i + 1) -_
                    MyBody3.SecY(K, i)
                    Dz = MyBody3.SecX(K, i + 1) - MyBody3._
                    SecX(K, i)
                    .Z(NJ + j - 1, K) = MyBody3.SecX(K, i) +_
                    Dz * (j - 1) / (MyBody3.SecXNI(i) - 1)
                    .X(NJ + j - 1, K) = MyBody3.SecOX(i) +_
```

$$Dx * (j - 1) / (MyBody3.SecXNI(i) - 1)$$

$$.y(NJ + j - 1, K) = MyBody3.SecOY(i) +\_$$

$$MyBody3.SecY(K, i) + Dy * (j - 1) /\_$$

$$(MyBody3.SecXNI(i) - 1)$$

```
                Next K
            Next j
            NJ = NJ + MyBody3.SecXNI(i) - 1
        Next i
    End Select
End With
End Sub
```

7.6　保存机身

我们希望保存的机身能再次打开并修改,因此需要针对不同类型的机身设计方法采用不同类型的保存格式。当文件打开的时候,能够根据文件上的信息,自动选择保存格式。

保存机身的代码如下:

```
Private Sub mSaveBody_Click()
    Me.CommonDialog.InitDir = App.Path + " \Work"
    Me.CommonDialog.Filter = " * .MBod| * .MBod"
    Me.CommonDialog.ShowSave
    If Me.CommonDialog.FileName <> " " Then
        TFileName = Me.CommonDialog.FileName
        Me.CommonDialog.FileName = " "
        Open TFileName For Output As #1
        Select Case BVar.BodyModel
            Case 1:
                Print #1, BVar.BodyModel
                Print #1, MyBGrid.XNI, MyBGrid.ZNI
```

```
For i = 1 To MyBGrid.XNI
    For j = 1 To MyBGrid.ZNI
        Print #1, MyBGrid.X(i, j), MyBGrid.y(i, j), _
            MyBGrid.Z(i, j)
    Next j
Next i
Case 2:
    Print #1, BVar.BodyModel
    Print #1, MyBody2.L
    Print #1, MyBody2.LAft
    Print #1, MyBody2.LRear
    Print #1, MyBody2.Heigh
    Print #1, MyBody2.Width
    Print #1, MyBody2.SRear
    Print #1, MyBGrid.XNI, MyBGrid.ZNI
    For i = 1 To MyBGrid.XNI
        For j = 1 To MyBGrid.ZNI
            Print #1, MyBGrid.X(i, j), MyBGrid.y(i, j), _
                MyBGrid.Z(i, j)
        Next j
    Next i
Case 3:
    Print #1, BVar.BodyModel
    Print #1, BVar.MyBody3.NI
    For i = 1 To BVar.MyBody3.NI
        Print #1, MyBody3.SecOX(i)
        Print #1, MyBody3.SecOY(i)
        Print #1, MyBody3.SecType(i)
        Print #1, MyBody3.a(i)
        Print #1, MyBody3.B(i)
        Print #1, MyBody3.R(i)
```

```
                    Print #1, MyBody3.SecXNI(i)
                    Print #1, MyBody3.SecZNI(i)
                Next i
                Print #1, MyBGrid.XNI, MyBGrid.ZNI
                For i = 1 To MyBGrid.XNI
                    For j = 1 To MyBGrid.ZNI
                        Print #1, MyBGrid.X(i, j), MyBGrid.y(i, j), _
                            MyBGrid.Z(i, j)
                    Next j
                Next i
        End Select
        Print #1, BOthoX
        Print #1, BOthoY
        Print #1, BmQuadX
        Print #1, BmQuadY
        Print #1, BmQuadZ
        Print #1, BrQuadX
        Print #1, BrQuadY
        Print #1, BrQuadZ
        Print #1, BsQuad
        Close #1
        MsgBox "保存机身完毕!", vbOKOnly, "谢谢使用"
    End If
End Sub
```

第 8 章

全 机 设 计

在第 6 章和第 7 章中,我们分别讨论了机翼和机身的设计方法。在此基础上,可以进行全机模型构建,并在各部件上面添加太阳能电池板。全机显示效果如图 8-1 所示。

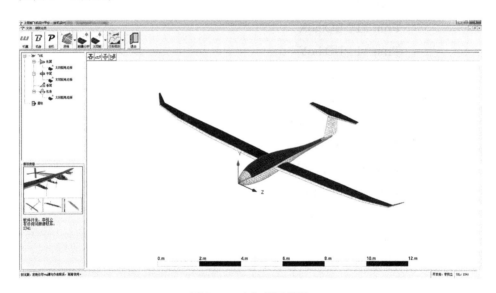

图 8-1　全机显示效果

8.1　操作流程

铺设太阳能电池板的全机显示如图 8-1 所示,图 8-1 左侧上方有部件浏览区,在根部件处右击鼠标,弹出插入部件的菜单(见图 8-2),选择插入翼面或者插入机身。单击插入翼面就会弹出添加翼面的窗体,单击插入机身就会弹出添加机身的窗体。窗体的左侧是文件列表区,中间是图形显示区,右侧是部件在全机构型中的属性。在图形显示区中,当添加机翼时,显示的是机翼的外形和每个剖面的具体位置(见图 8 - 3);当添加机身时,显示的是侧视图(见图 8 - 4)。

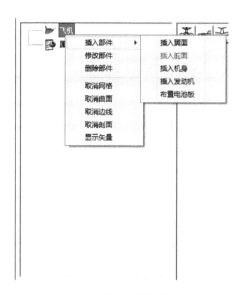

图 8 - 2　右键菜单

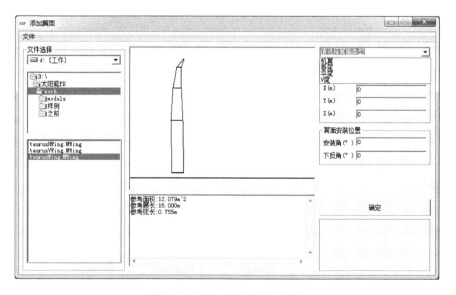

图 8 - 3　添加机翼的显示效果

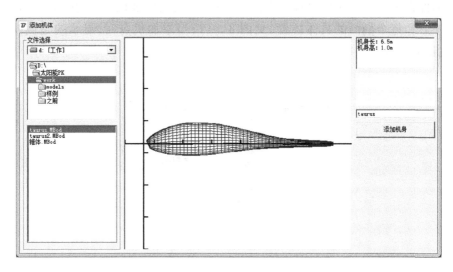

图 8-4　添加机身的显示效果

　　部件插入后,可以形成如图 8-5 所示的飞机组合。此时需要设置这些插入部件的相对位置、偏转位置等,该设置不仅可以手动输入数字实现,也可以用鼠标拖动实现。该设置不改变部件本身的几何属性,图 8-6 所示为改变飞机上反角的实例。

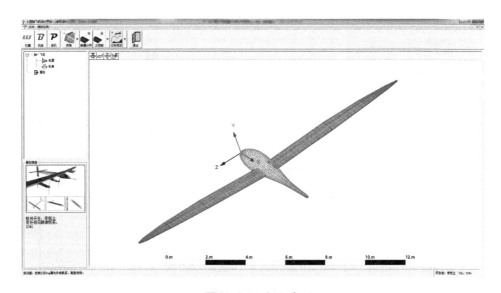

图 8-5　飞机组合

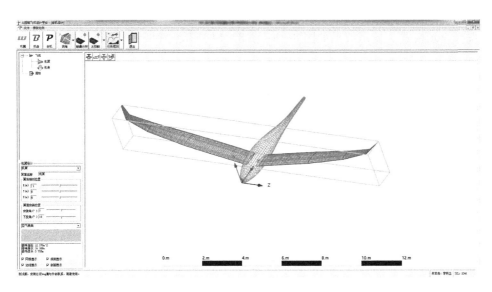

图 8-6　翼面相对位置、偏转位置设置的显示效果

　　除了可以对部件的相对位置和偏转位置进行设置外,还可以对部件的几何属性进行修改,具体操作如图 8-7 所示。

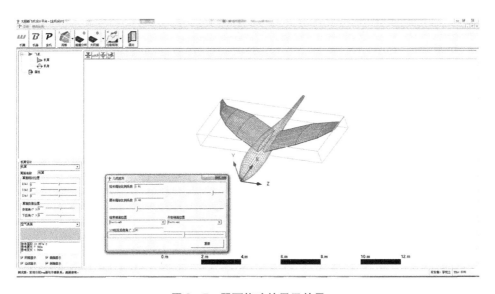

图 8-7　翼面修改的显示效果

　　本平台提供了常规显示、剖面显示、网格显示、边线显示、曲面显示、颜色更改、矢量显示等功能。这些功能既可以组合显示,也可以独立显示。具体实现方

式就是对部件的剖面、网格、边线、曲面等编写独立的显示过程,通过开关变量来选择显示模式。显示效果如图 8-8~图 8-14 所示(图 8-13 彩图见附录)。

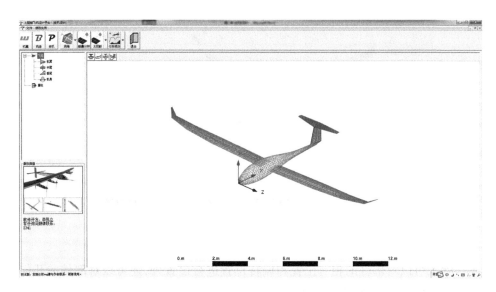

图 8-8　常规显示效果

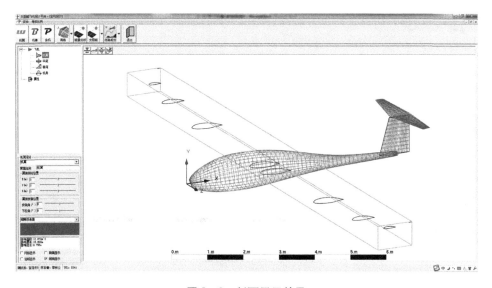

图 8-9　剖面显示效果

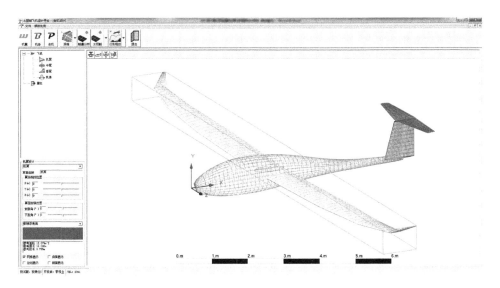

图 8 - 10 网格显示效果

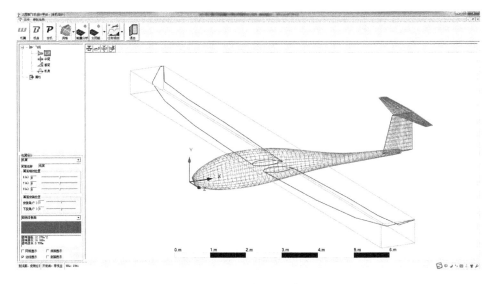

图 8 - 11 边线显示效果

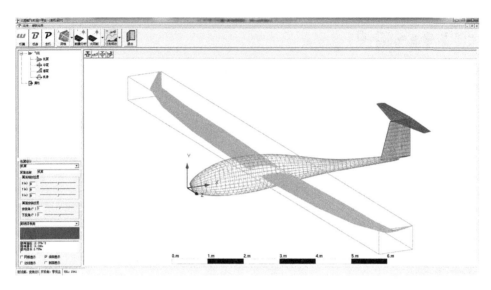

图 8-12 曲面显示效果

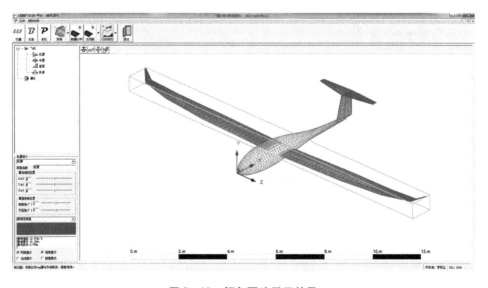

图 8-13 颜色更改显示效果

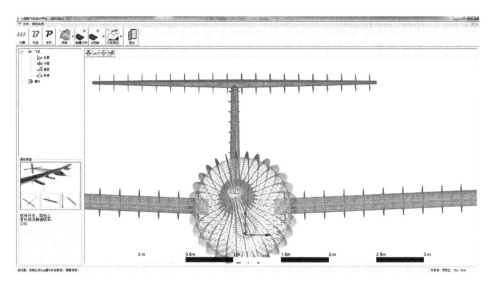

图 8-14 矢量显示效果

8.2 数据结构

在第 6 章和第 7 章机翼和机身部件设计模块中,变量的定义仅针对一个部件,因此只用到了简单的数组变量。在全机设计中,部件也是数组,因此需要采用结构体的形式来定义:主要定义机翼结构体、机身结构体、太阳能电池板结构体、太阳能电池板能源计算结果结构体这 4 个关键结构体。该平台可以开展气动力的计算与分析,本书只讲解太阳辐射,因此,在此仅列出与太阳辐射有关的变量定义,而非全部结构体内容。

机翼结构体定义的代码如下:

```
Public Type Wsurf
    Name As String
    Type As Integer
    DelX As Double
    DelY As Double
    DelZ As Double
    RotX As Double
    RotY As Double
```

```
    RotZ As Double
    SecCount As Integer
    SecX(30) As Double
    SecY(30) As Double
    SecSwept(30) As Double
    SecZ(30) As Double

    OAngle As Double
    SecBegin As Integer
    SecEnd As Integer
    BSecX(30) As Double
    OSecX(30) As Double
    OSecZ(30) As Double
    OSecChord(30) As Double
    FacX As Double
    Angle As Double
    FacZ As Double

    FoilName(30) As String
    SecChord(30) As Double
    SecTwist(30) As Double
    XMin As Double
    XMax As Double
    YMin As Double
    YMax As Double
    ZMin As Double
    ZMax As Double

    Span As Double
    MGC As Double
    XMGC As Double
    ZMGC As Double
```

```
ProjS As Double
AR As Double
WetS As Double
FoilIndex(30) As Integer
FoilX(27, 30) As Double
FoilY(27, 30) As Double
SecXNI(30) As Integer
SecZNI(30) As Integer
ZNI As Integer
XNI As Integer
SecSwet() As Double

GridShow As Integer
SurfShow As Integer
WireShow As Integer
SecShow As Integer

AddSolar As Boolean
SolarPan As SolarPan
SolarEng As SolarEng

Red As Double
Green As Double
Blue As Double

GridX() As Double
GridY() As Double
GridZ() As Double
GridS() As Double
VertX() As Double
VertY() As Double
VertZ() As Double
```

```
End Type
```

机身结构体定义的代码如下：

```
Public Type PlaneBody
        Name As String
        Type As Integer
        DelX As Double
        DelY As Double
        DelZ As Double
        XNI As Integer
        ZNI As Integer
        GridX( ) As Double
        GridY( ) As Double
        GridZ( ) As Double
        GridS( ) As Double
        VertX( ) As Double
        VertY( ) As Double
        VertZ( ) As Double
        XMin As Double
        XMax As Double
        YMin As Double
        YMax As Double
        ZMin As Double
        ZMax As Double

        Red As Double
        Green As Double
        Blue As Double

        AddSolar As Boolean
        SolarPan As SolarPan
        SolarEng As SolarEng
End Type
```

太阳能电池板结构体定义的代码如下：

```
Public Type SolarPan
        PanSurfForward As Integer
        Type As Integer
        ChordBegin As Double
        ChordEnd As Double
        SpanBegin As Double
        SpanEnd As Double
        GridX( ) As Double
        GridY( ) As Double
        GridZ( ) As Double
        GXNI As Integer
        GZNI As Integer
        GridNX( ) As Double
        GridNY( ) As Double
        GridNZ( ) As Double

        RotX As Double
        RotY As Double
        RotZ As Double
End Type
```

太阳能电池板能源计算结果结构体定义的代码如下：

```
Public Type SolarEng
        VertexX( ) As Double
        VertexY( ) As Double
        VertexZ( ) As Double
        VXNI As Integer
        VZNI As Integer
        VNXNI As Integer
        VNZNI As Integer
        VertexNX( ) As Double
```

```
        VertexNY( ) As Double
        VertexNZ( ) As Double
        GridS( ) As Double
        GridNS( ) As Double
        GridE( ) As Double
        GridNE( ) As Double


        CellE( ) As Double
        CellNE( ) As Double


        PanEngSum As Double
        PanPowSum As Double
        PanSurfSum As Double
    End Type
```

8.3　添加机翼

添加机翼窗体的运行结果如图 8 - 15 所示。窗体左下方为机翼文件的列表

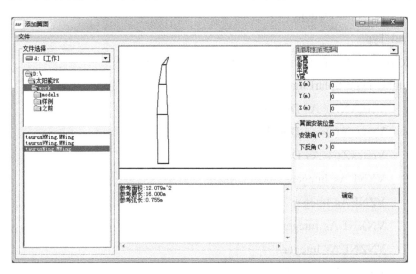

图 8 - 15　添加机翼运行结果

区,双击机翼文件就可以在绘图区显示机翼文件;在绘图区的下方显示机翼的基本参数。添加机翼窗体的界面如图 8 - 16 所示,右侧为机翼类型、名称、相对位置及颜色。

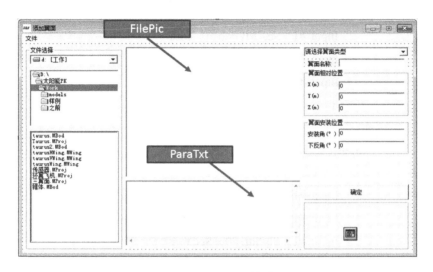

图 8 - 16 添加机翼窗体的界面

双击机翼文件列表,打开机翼。代码如下:

```
Private Sub PartFileList_DblClick( )
    TFileName = PartFileList.Path + " \" +_
    Me.PartFileList.List( Me.PartFileList.ListIndex )
    Open TFileName For Input As #1
        Input #1, Sec.FoilNI
        For i = 0 To Sec.FoilNI - 1
            Input #1, Sec.MyFoil( i ).NI
            For j = 1 To Sec.MyFoil( i ).NI
                Input #1, Sec.MyFoil( i ).X( j ), _
                        Sec.MyFoil( i ).YU( j ), _
                        Sec.MyFoil( i ).YL( j )
            Next j
            Input #1, Sec.MyFoil( i ).FoilName
            Input #1, Sec.MyFoil( i ).ID
            Input #1, Sec.MyFoil( i ).Swet
```

```
        Input #1, Sec.MyFoil(i).MThick
        Input #1, Sec.MyFoil(i).XThick
        Input #1, Sec.MyFoil(i).MCamber
        Input #1, Sec.MyFoil(i).XCamber
        Input #1, Sec.MyFoil(i).CLa
        Input #1, Sec.MyFoil(i).Alpha0
        Input #1, Sec.MyFoil(i).Cm0
    Next i

    Input #1, var.MySurf(0).SecCount
    For i = 1 To MySurf(0).SecCount
        Input #1, MySurf(0).SecX(i)
        Input #1, MySurf(0).SecSwept(i)
        Input #1, MySurf(0).SecY(i)
        Input #1, MySurf(0).SecZ(i)
        Input #1, MySurf(0).FoilName(i)
        Input #1, MySurf(0).SecChord(i)
        Input #1, MySurf(0).SecTwist(i)
        Input #1, MySurf(0).SecXNI(i)
        Input #1, MySurf(0).SecZNI(i)
    Next i
    Close #1
    Call Plane.SurfPara(MySurf(0))
    Call PartParaOut
    Call PartShow
End Sub
```

在上述代码中,用到了一个数组变量 Mysurf(0)。在 VB 中,数组变量的计数是从 0 开始的,但是一般会从 1 开始使用。因此,我们常常将数组的 0 索引作为临时变量进行暂存性的操作,这个技巧在很多时候是非常有用的。

PartShow 是显示当前打开的机翼。在这个窗体显示中不涉及 OpenGL 的操作,仅仅是在图形控件上绘制俯视图,也就是绘制机翼的 X、Z 坐标;同时,不涉及机翼的解算,只是绘制出机翼外形与剖面弦长。具体代码如下:

```
Public Sub PartShow( )
    Me.FilePic.Cls
    Dim Dy As Double
    Dim Dx As Double
    Dim DXDY As Double

    DXDY = Me.FileDir.Width / Me.FileDir.Height

    If MySurf(0).SecX(1) + MySurf(0).SecChord(1) > MySurf(0).SecX_
    (MySurf(0).SecCount) + MySurf(0).SecChord(MySurf(0).
    SecCount) Then
        Dx = MySurf(0).SecX(1) + MySurf(0).SecChord(1)
    Else
        Dx = MySurf(0).SecX(MySurf(0).SecCount) + MySurf(0)._
        SecChord(MySurf(0).SecCount)
    End If
    Dy = MySurf(0).Span / 2

    If Dx / Dy > DXDY Then
        Dy = Dx / DXDY
    Else
        Dx = Dy * DXDY
    End If

    Me.FilePic.Scale (-0.1 * Dx, 1.1 * Dy)-(1.1 * Dx, -0.1 * Dy)
    Me.FilePic.DrawWidth = 2
    Me.FilePic.ForeColor = vbBlack
    Me.FilePic.Line (-0.1 * Dx, 0)-(1.1 * Dx, 0)

    Me.FilePic.ForeColor = vbRed
    For i = 1 To MySurf(0).SecCount - 1
```

```
        Me.FilePic.Line (MySurf(0).SecX(i), MySurf(0).SecZ(i))-_
        (MySurf(0).SecX(i + 1), MySurf(0).SecZ(i + 1))
    Next i
    For i = 1 To MySurf(0).SecCount - 1
        Me.FilePic.Line (MySurf(0).SecX(i) + MySurf(0).SecChord_
        (i), MySurf(0).SecZ(i))-(MySurf(0).SecX(i + 1) + MySurf(0)._
        SecChord(i + 1), MySurf(0).SecZ(i + 1))
    Next i
    Me.FilePic.ForeColor = vbBlue
    For i = 1 To MySurf(0).SecCount
        Me.FilePic.Line (MySurf(0).SecX(i), MySurf(0).SecZ(i))-_
        (MySurf(0).SecX(i) + MySurf(0).SecChord(i), MySurf(0).SecZ(i))
    Next i
End Sub
```

在选择完机翼的类型、相对位置和颜色后,即可将机翼添加到全机中。此时需要累加机翼的个数,然后重新定义机翼数组,并完成相关赋值:

```
var.MySurfNI = var.MySurfNI + 1
var.MySurfIndex = var.MySurfNI
ReDim Preserve var.MySurf(var.MySurfNI)
```

在部件树处的处理代码如下:

```
WorkForm.PartView.Nodes.Add "Plane", tvwChild, MySurf(MySurfNI)._
Name, MySurf(MySurfNI).Name, MySurf(MySurfNI).Type + 2
WorkForm.PartView.Nodes(WorkForm.PartView.Nodes.Count).EnsureVisible
WorkForm.CopyRightFrame.Visible = True
WorkForm.CopyRightFrame.ZOrder
```

8.4 添加机身

添加机身的相关操作与添加机翼类似,也是双击左下方的机身列表,打开机身文件,如图 8-17 和图 8-18 所示。不同的机身设计类型有不同的窗体存储格式,但最后保存的都是解算好的机身网格点。因此在处理不同类型机身文件时,需要跳过对应的数据结构,直接到达网格点处进行读取。

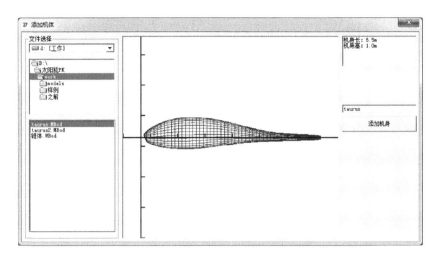

图 8-17 添加机身运行结果

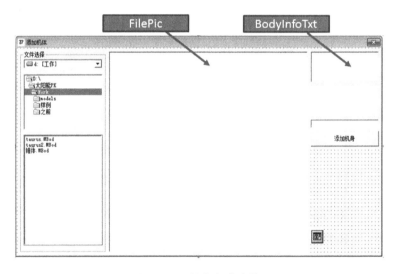

图 8-18 添加机身窗体

机身文件读取的代码如下:

```
Private Sub PartFileList_DblClick( )
    TFileName = Me.FileDir.Path + " \" + _
    Me.PartFileList.List( Me.PartFileList.ListIndex)
    Ts = Split( Me.PartFileList.List( Me.PartFileList.ListIndex) , ".")
```

```
Me.PartNameTxt.Text = Ts(0)


Open TFileName For Input As #1
With MyBody(0)
    Input #1, .Type
    Select Case .Type
        Case 1：
            Input #1, .XNI, .ZNI
        Case 2：
            For i = 1 To 6
                Input #1, TStr
            Next i
            Input #1, .XNI, .ZNI
        Case 3：
            Input #1, TNI
            For i = 1 To TNI
                For j = 1 To 8
                    Input #1, TStr
                Next j
            Next i
            Input #1, .XNI, .ZNI
    End Select
    ReDim .GridX(.XNI, .ZNI) As Double
    ReDim .GridY(.XNI, .ZNI) As Double
    ReDim .GridZ(.XNI, .ZNI) As Double
    For i = 1 To .XNI
        For j = 1 To .ZNI
            Input #1, .GridX(i, j), _
                    .GridY(i, j), _
                    .GridZ(i, j)
        Next j
```

```
        Next i
    End With
    Close #1

        Call Me.DrawBodyWire
End Sub
```

绘制过程为 DrawBodyWire 函数，具体代码如下：

```
Public Sub DrawBodyWire( )
    Dim DXDY As Double
    Dim Dh As Double
    Dim DW As Double
    Dim BD As Double
    Dim BT As Double
    Dim BL As Double
    Dim BR As Double
    Me.FilePic.Cls

    DXDY = Me.FilePic.Width / Me.FilePic.Height
    BD = 100
    BT = -100
    BL = 100
    BR = -100

    With MyBody(0)
        For i = 1 To .XNI
            For j = 1 To .ZNI
                If .GridY(i, j) <= BD Then BD = .GridY(i, j)
                If .GridY(i, j) >= BT Then BT = .GridY(i, j)
            Next j
        Next i
        Dh = BT - BD
```

```
        If Dh <= BT Then Dh = BT
        For i = 1 To .XNI
            For j = 1 To .ZNI
                If .GridX(i, j) <= BL Then BL = .GridX(i, j)
                If .GridX(i, j) >= BR Then BR = .GridX(i, j)
            Next j
        Next i
        DW = BR - BL
        If DW <= BR Then DW = BR
End With

If DW / Dh <= DXDY Then
    DW = Dh * DXDY
Else
    Dh = DW / DXDY
End If

Me.FilePic.Scale (-0.1 * DW, 1.1 * Dh / 2)-(1.1 * DW, -1.1 * Dh / 2)

Me.FilePic.DrawWidth = 1
Me.FilePic.ForeColor = vbBlue
With MyBody(0)
    For i = 1 To .XNI - 1
        For j = 1 To .ZNI
            Me.FilePic.Line (.GridX(i + 1, j), .GridY(i + 1, j))-_
            (.GridX(i, j), .GridY(i, j))
        Next j
    Next i

    For i = 1 To .XNI
        For j = 1 To .ZNI - 1
            Me.FilePic.Line (.GridX(i, j + 1), .GridY(i, j + 1))-_
```

```
            (.GridX(i, j), .GridY(i, j))
        Next j
    Next i
End With

Me.FilePic.DrawWidth = 2
Me.FilePic.ForeColor = vbBlack

Me.FilePic.Line (0, 1.1 * Dh / 2)-(0, -1.1 * Dh / 2)
Me.FilePic.Line (-0.1 * DW, 0)-(1.1 * DW, 0)

TNI = Int(DW * 1.2)
For i = 1 To TNI
    Me.FilePic.Line ((i - 1) - 0.1 * DW, 0)-((i - 1) - 0.1 * _
    DW, 0.02 * Dh)
Next i

TNI = Int(Dh * 1.2)
For i = 1 To TNI
    Me.FilePic.Line (0, (i - 1) - 1.1 * Dh / 2)-(0.02 * DW, _
    (i - 1) - 1.1 * Dh / 2)
Next i

'图例
Me.BodyInfoTxt.Text = ""
Me.BodyInfoTxt.Text = "机身长：" + Format(BR - BL, "0.0") + "m" + _
vbNewLine
Me.BodyInfoTxt.Text = Me.BodyInfoTxt.Text + "机身高：" + Format_
(BT - BD, "0.0") + "m" + vbNewLine
End Sub
```

在选择好机身的颜色后，即可将机身添加到全机中。此时，需要累加机身的个数，然后重新定义机身数组，并完成相关赋值：

```
MyBodyNI = MyBodyNI + 1
ReDim Preserve MyBody(MyBodyNI) As PlaneBody
```

在部件树处的代码处理如下:

```
WorkForm.PartView.Nodes.Add "Plane", tvwChild, .Name, .Name, 7
WorkForm.PartView.Nodes(WorkForm.PartView.Nodes.Count).EnsureVisible
WorkForm.CopyRightFrame.Visible = True
WorkForm.CopyRightFrame.ZOrder
```

8.5　太阳能电池板

太阳能电池板是基于模型表面网格插值获取的,其几何定义与飞机几何外形定义一致,机翼太阳能电池板的解算过程与 6.6 节求解机翼表面网格的方法类似,机身太阳能电池板的解算过程与 7.5 节求解机身网格的方法类似,在此不一一赘述。

由于还需要对太阳能电池板开展太阳辐射能量计算,需要保存电池板每个网格单元的外法线矢量、单元面积及单元的太阳辐射能量。数据结构如 8.2 节所示,本节主要讨论如何求解其表面矢量。太阳能电池板的矢量显示如图 8-19 所示。

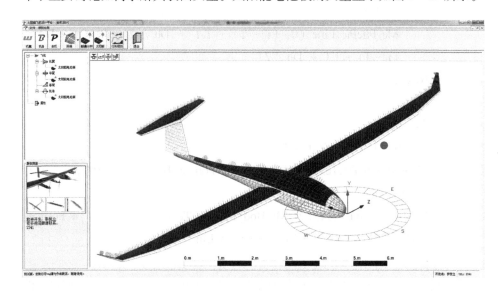

图 8-19　太阳能电池板矢量显示

太阳能电池板的网格单元矢量计算如图 8-20 所示,定义网格单元的 4 个顶点为 A、B、C、D。

A、B、C、D 对应的坐标为

$$A = (x_{i,j},\ y_{i,j},\ z_{i,j})$$
$$B = (x_{i+1,j},\ y_{i+1,j},\ z_{i+1,j})$$
$$C = (x_{i,j+1},\ y_{i,j+1},\ z_{i,j+1})$$
$$D = (x_{i+1,j+1},\ y_{i+1,j+1},\ z_{i+1,j+1})$$

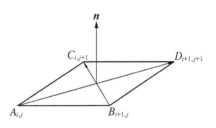

图 8-20　网格单元矢量计算

则

$$\overrightarrow{AD} = (x_{i+1,j+1} - x_{i,j},\ y_{i+1,j+1} - y_{i,j},\ z_{i+1,j+1} - z_{i,j}) = (x_w,\ y_w,\ z_w)$$

$$\overrightarrow{BC} = (x_{i,j+1} - x_{i+1,j},\ y_{i,j+1} - y_{i+1,j},\ z_{i,j+1} - z_{i+1,j}) = (x_v,\ y_v,\ z_v)$$

求解 $N = (N_x,\ N_y,\ N_z) = \overrightarrow{AD} \times \overrightarrow{BC}$, 得

$$N_x = y_w z_v - z_w y_v$$
$$N_y = z_w x_v - x_w z_v$$
$$N_z = x_w y_v - y_w x_v$$

则面积 S_N 为

$$S_N = \frac{\sqrt{N_x^2 + N_y^2 + N_z^2}}{2}$$

矢量 $\boldsymbol{n}$ 为

$$\boldsymbol{n} = \left(\frac{N_x}{2 \times S_N},\ \frac{N_y}{2 \times S_N},\ \frac{N_z}{2 \times S_N} \right)$$

具体代码如下:

```
Public Sub CalSolarVertex(SolarPan As SolarPan, SolarEng As SolarEng)
    Dim X1 As Double
    Dim Y1 As Double
    Dim Z1 As Double
    Dim X2 As Double
```

```
Dim Y2 As Double
Dim Z2 As Double


SolarEng.VXNI = SolarPan.GXNI - 1
SolarEng.VZNI = SolarPan.GZNI - 1
If SolarPan.Type = 0 Or SolarPan.Type = 2 Then
    SolarEng.VNXNI = SolarPan.GXNI - 1
    SolarEng.VNZNI = SolarPan.GZNI - 1
Else
    SolarEng.VNXNI = 0
    SolarEng.VNXNI = 0
End If


With SolarEng
    ReDim .VertexX(.VXNI, .VZNI) As Double
    ReDim .VertexY(.VXNI, .VZNI) As Double
    ReDim .VertexZ(.VXNI, .VZNI) As Double
    ReDim .GridE(.VXNI, .VZNI) As Double
    ReDim .GridS(.VXNI, .VZNI) As Double


    ReDim .VertexNX(.VXNI, .VZNI) As Double
    ReDim .VertexNY(.VXNI, .VZNI) As Double
    ReDim .VertexNZ(.VXNI, .VZNI) As Double
    ReDim .GridNE(.VXNI, .VZNI) As Double
    ReDim .GridNS(.VXNI, .VZNI) As Double
End With


For j = 1 To SolarEng.VZNI
    For i = 1 To SolarEng.VXNI
        X1 = SolarPan.GridX(i + 1, j + 1) - SolarPan.GridX(i, j)
        Y1 = SolarPan.GridY(i + 1, j + 1) - SolarPan.GridY(i, j)
```

```
        Z1 = SolarPan.GridZ(i + 1, j + 1) − SolarPan.GridZ(i, j)


        X2 = SolarPan.GridX(i, j + 1) − SolarPan.GridX(i + 1, j)
        Y2 = SolarPan.GridY(i, j + 1) − SolarPan.GridY(i + 1, j)
        Z2 = SolarPan.GridZ(i, j + 1) − SolarPan.GridZ(i + 1, j)


        SolarEng.VertexX(i, j) = Y2 ∗ Z1 − Z2 ∗ Y1
        SolarEng.VertexY(i, j) = −X2 ∗ Z1 + Z2 ∗ X1
        SolarEng.VertexZ(i, j) = X2 ∗ Y1 − Y2 ∗ X1


        SolarEng.GridS(i, j) = (SolarEng.VertexX(i, j) ^ 2 + SolarEng._
        VertexY(i, j) ^ 2 + SolarEng.VertexZ(i, j) ^ 2) ^ 0.5


        SolarEng.VertexX(i, j) = SolarEng.VertexX(i, j) / SolarEng._
        GridS(i, j)
        SolarEng.VertexY(i, j) = SolarEng.VertexY(i, j) / SolarEng._
        GridS(i, j)
        SolarEng.VertexZ(i, j) = SolarEng.VertexZ(i, j) / SolarEng._
        GridS(i, j)


        SolarEng.GridS(i, j) = SolarEng.GridS(i, j) / 2
    Next i
Next j


For j = 1 To SolarEng.VNZNI
    For i = 1 To SolarEng.VNXNI
        X1 = SolarPan.GridNX(i + 1, j + 1) − SolarPan.GridNX(i, j)
        Y1 = SolarPan.GridNY(i + 1, j + 1) − SolarPan.GridNY(i, j)
        Z1 = SolarPan.GridNZ(i + 1, j + 1) − SolarPan.GridNZ(i, j)


        X2 = SolarPan.GridNX(i, j + 1) − SolarPan.GridNX(i + 1, j)
```

```
        Y2 = SolarPan.GridNY(i, j + 1) − SolarPan.GridNY(i + 1, j)
        Z2 = SolarPan.GridNZ(i, j + 1) − SolarPan.GridNZ(i + 1, j)


        SolarEng.VertexNX(i, j) = −Y2 ∗ Z1 + Z2 ∗ Y1
        SolarEng.VertexNY(i, j) = X2 ∗ Z1 − Z2 ∗ X1
        SolarEng.VertexNZ(i, j) = −X2 ∗ Y1 + Y2 ∗ X1


        SolarEng.GridNS(i, j) = ( SolarEng.VertexNX(i, j) ^ 2 +_
        SolarEng.VertexNY(i, j) ^ 2 + SolarEng.VertexNZ(i, j) ^ 2) ^ 0.5


        SolarEng.VertexNX(i, j) = SolarEng.VertexNX(i, j) / SolarEng._
        GridNS(i, j)
        SolarEng.VertexNY(i, j) = SolarEng.VertexNY(i, j) / SolarEng._
        GridNS(i, j)
        SolarEng.VertexNZ(i, j) = SolarEng.VertexNZ(i, j) / SolarEng._
        GridNS(i, j)


        SolarEng.GridNS(i, j) = SolarEng.GridNS(i, j) / 2
    Next i
  Next j
  '计算总面积


  With SolarEng
    .PanSurfSum = 0
    For i = 1 To .VXNI
        For j = 1 To .VZNI
            .PanSurfSum = .PanSurfSum + .GridS(i, j)
        Next j
    Next i
    For i = 1 To .VNXNI
        For j = 1 To .VNZNI
            .PanSurfSum = .PanSurfSum + .GridNS(i, j)
```

```
                    Next j
                Next i
            End With
        End Sub
```

8.6　部件选择与指示

在操作过程中,选择一个部件,在窗体左下属性区可以进行参数的修改;在窗体右侧显示区,选择的部件被框起来,起到了指示的作用,如图 8-21 和图 8-22 所示。

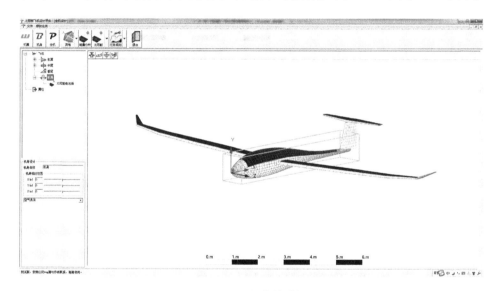

图 8-21　机身的选择

8.2 节的结构体定义包含了实现该功能的数据结构。无论是翼面数据结构,还是机身数据结构,都包含了该部件的最大尺寸信息:

XMin As Double

XMax As Double

YMin As Double

YMax As Double

ZMin As Double

ZMax As Double

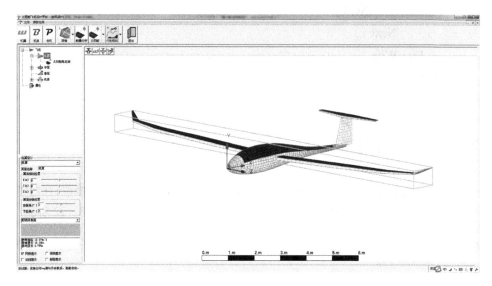

图 8－22　机翼的选择

机翼选择的显示代码如下:

```
Public Sub SelectSurfShow(MySurf As Wsurf)
    With MySurf
        glLineWidth 3
        glColor3f 0, 1, 0
        glBegin bmLines
            glVertex3f .XMin, .YMin, .ZMin
            glVertex3f .XMin, .YMin, .ZMax
        glEnd

        glBegin bmLines
            glVertex3f .XMin, .YMax, .ZMin
            glVertex3f .XMin, .YMax, .ZMax
        glEnd

        glBegin bmLines
            glVertex3f .XMax, .YMin, .ZMin
```

```
    glVertex3f .XMax, .YMin, .ZMax
glEnd

glBegin bmLines
    glVertex3f .XMax, .YMax, .ZMin
    glVertex3f .XMax, .YMax, .ZMax
glEnd

glBegin bmLines
    glVertex3f .XMin, .YMin, .ZMin
    glVertex3f .XMax, .YMin, .ZMin
glEnd

glBegin bmLines
    glVertex3f .XMin, .YMax, .ZMin
    glVertex3f .XMax, .YMax, .ZMin
glEnd

glBegin bmLines
    glVertex3f .XMin, .YMin, .ZMax
    glVertex3f .XMax, .YMin, .ZMax
glEnd

glBegin bmLines
    glVertex3f .XMin, .YMax, .ZMax
    glVertex3f .XMax, .YMax, .ZMax
glEnd

glBegin bmLines
    glVertex3f .XMin, .YMin, .ZMin
    glVertex3f .XMin, .YMax, .ZMin
```

```
        glEnd

        glBegin bmLines
            glVertex3f .XMin, .YMin, .ZMax
            glVertex3f .XMin, .YMax, .ZMax
        glEnd

        glBegin bmLines
            glVertex3f .XMax, .YMin, .ZMin
            glVertex3f .XMax, .YMax, .ZMin
        glEnd

        glBegin bmLines
            glVertex3f .XMax, .YMin, .ZMax
            glVertex3f .XMax, .YMax, .ZMax
        glEnd
    End With
End Sub
```

机身选择的显示代码与之类似,在此不做赘述。

8.7 部件删除

部件树可实现删除和添加的功能,删除功能又分删除部件和删除部件下的太阳能电池板。相对于 8.5 节的添加操作,部件的删除需要进行更加复杂的操作:通过单击节点,获取节点的文字信息,检索出该文字信息对应的部件类型,然后删除对应的部件变量数组索引,最后更新部件树。在删除部件时,如果部件本身带有太阳能电池板,那么可直接删除部件,无须先删除太阳能电池板再删除部件。仅删除太阳能电池板,对部件本身没有影响。具体代码如下:

```
Private Sub mPartDelet_Click()
    TStr = Me.PartView.Nodes.Item(Me.PartView.SelectedItem.Index)
    ' 删除翼面
```

```
var.MySurfIndex = -1
For i = 1 To var.MySurfNI
    If TStr = var.MySurf(i).Name Then
        var.MySurfIndex = i
    End If
Next i
If var.MySurfIndex <> -1 Then
    If var.MySurfIndex = var.MySurfNI Then
        var.MySurfNI = var.MySurfNI - 1
    Else
        For i = var.MySurfIndex To var.MySurfNI - 1
            var.MySurf(i) = var.MySurf(i + 1)
        Next i
        var.MySurfNI = var.MySurfNI - 1
    End If
    Me.PartView.Nodes.Remove Me.PartView.SelectedItem.Index

    var.MySurfIndex = -1
    SSelectShow = False
    Me.ParaFrame.Visible = False
End If
' 删除机体
var.MyBodyIndex = -1
For i = 1 To var.MyBodyNI
    If TStr = var.MyBody(i).Name Then
        var.MyBodyIndex = i
    End If
Next i
If var.MyBodyIndex <> -1 Then
    If var.MyBodyIndex = var.MyBodyNI Then
        var.MyBodyNI = var.MyBodyNI - 1
```

```
        Else
            For i = var.MyBodyIndex To var.MyBodyNI – 1
                var.MyBody(i) = var.MyBody(i + 1)
            Next i
            var.MyBodyNI = var.MyBodyNI – 1
        End If
        Me.PartView.Nodes.Remove Me.PartView.SelectedItem.Index

        var.MyBodyIndex = –1
        BSelectShow = False
        Me.BodyFrame.Visible = False
    End If
    ' 删除太阳能电池板
    If TStr = "太阳能电池板" Then
        TStr =_
Me.PartView.Nodes.Item(Me.PartView.SelectedItem.Index).Parent.Text
        Me.PartView.Nodes.Remove Me.PartView.SelectedItem.Index

        For i = 1 To var.MySurfNI
            If TStr = var.MySurf(i).Name Then
                var.MySurfIndex = i
            End If
        Next i
        If MySurfIndex <> –1 Then
            var.MySurf(MySurfIndex).AddSolar = False
        End If
        For i = 1 To var.MyBodyNI
            If TStr = var.MyBody(i).Name Then
                var.MyBodyIndex = i
            End If
        Next i
```

```
            If MyBodyIndex <> -1 Then
                var.MyBody(MyBodyIndex).AddSolar = False
            End If
            Solar.ShowSolar = False
            WorkForm.PartView.Nodes(1).Selected = True
            Plane.SSelectShow = False
WorkForm.PartView.Nodes(WorkForm.PartView.Nodes.Count).EnsureVisible
            Me.CopyRightFrame.Visible = True
            Me.CopyRightFrame.ZOrder
        End If
        Call Plane.PDisplay
End Sub
```

第 9 章

全机太阳辐射能量计算

在本章,我们将进入全机太阳辐射能量计算分析的开发过程。前几章已经对本章用到的方法和控件的操作及编程做了讲解,本章将更加深入地介绍这些应用。

图 9-1~图 9-3 给出了全机太阳辐射能量计算分析的过程(图 9-2~图 9-3 的彩图见附录)。

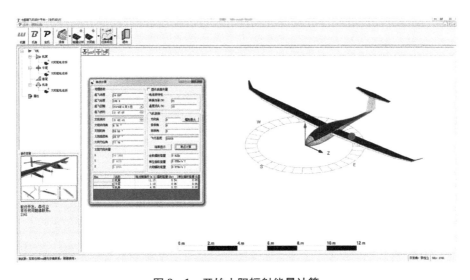

图 9-1　开始太阳辐射能量计算

9.1　位置指示

由图 9-1 可知,当进入太阳辐射能量计算分析的时候,只显示飞机部件网格,而不显示其曲面,这是为了在云图显示的时候,曲面的颜色不对云图的色彩产生干扰。此时,显示区多了两个部件:一个是圆球,代表太阳;另一个是环圈,

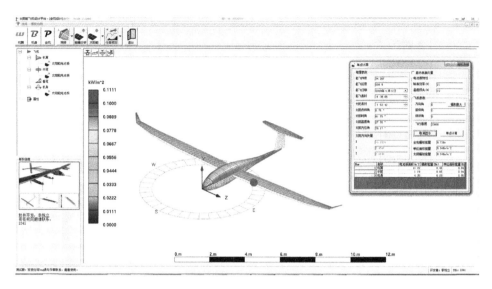

图 9-2 单状态太阳辐射能量计算及云图显示

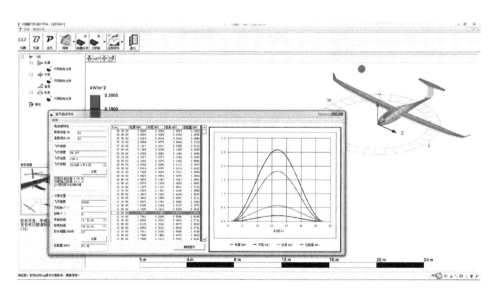

图 9-3 全天太阳辐射能量计算及云图显示

代表飞行方位。这两个位置指示便于我们开展太阳辐射能量的计算分析。

首先需要绘制的是太阳的位置。当单点计算的窗体弹出的时候(见图 9-4),预设的地理位置为西安地区的经纬度,预设的起飞日期与时刻为程序运行的日期和时刻。此时,系统自动求解时差,换算出太阳真时。根据上述信息得到此时的太阳方向矢量,根据太阳方向矢量绘制太阳的位置。

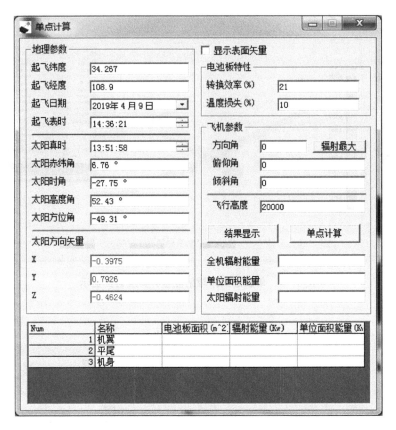

图 9-4 开始太阳辐射能量计算

太阳位置绘制的具体代码实现如下：

```
Public Sub SunPos()

    Dim SunDist As Double
    Dim SunR As Double


    Dim AxisBL As Double
    AxisBL = POthoX / 5 / (PsQuad)
    SunDist = AxisBL * 2.5
    SunR = AxisBL / 10


    GL.glPushMatrix
```

```
GL.glTranslatef SunDist * SunX, SunDist * SunY, SunDist * SunZ
glColor4f 1#, 0, 0, 0.8
GLUT.glutSolidSphere SunR, 51, 51
GL.glPopMatrix
Call Compass
End Sub
```

运行后,可以看出 Z 轴的正方向指示正东,X 轴的正方向指示正北。在此基础上就可以绘制方位的指示,具体代码如下:

```
Public Sub Compass( )
    Dim OutR As Double
    Dim InR As Double
    Dim AxisBL As Double
    Dim CA As Double
    Dim SA As Double
    Dim TA As Double
    Dim TX1 As Double
    Dim TZ1 As Double
    Dim TZ2 As Double
    Dim TX2 As Double

    Dim RNI As Integer

    AxisBL = POthoY / 5 / (PsQuad)
    OutR = AxisBL * 3
    InR = OutR * 0.8

    RNI = 37

    GL.glBegin bmLineLoop
    GL.glColor3f 0.2, 0.5, 0.8
    For i = 1 To RNI
```

```
        TA = (i - 1) / (RNI - 1) * 2 * PI
        CA = Cos(TA)
        SA = Sin(TA)
        GL.glVertex3f OutR * CA, 0, OutR * SA
Next i
glEnd


GL.glBegin bmLineLoop
GL.glColor3f 0.2, 0.5, 0.8
For i = 1 To RNI
        TA = (i - 1) / (RNI - 1) * 2 * PI
        CA = Cos(TA)
        SA = Sin(TA)
        GL.glVertex3f InR * CA, 0, InR * SA
Next i
glEnd


For i = 1 To RNI
        TA = (i - 1) / (RNI - 1) * 2 * PI
        CA = Cos(TA)
        SA = Sin(TA)
        GL.glBegin bmLines
            GL.glColor3f 0.2, 0.5, 0.8
            If TA / (PI / 2) = Int(TA / (PI / 2)) Then
                GL.glColor3f 1, 0, 0
            End If
            GL.glVertex3f InR * CA, 0, InR * SA
            GL.glVertex3f OutR * CA, 0, OutR * SA
        GL.glEnd
Next i
```

GL.glPushMatrix

GL.glRasterPos3f OutR * 1.1, 0, 0

GL.glColor3f 1#, 0#, 0#

GL.glPopMatrix

GL.glPushMatrix

GL.glRasterPos3f OutR * 1.1, 0, 0

GL.glColor3f 1#, 0#, 0#

GLUT.glutBitmapCharacter　　GLUT.GLUT_BITMAP_HELVETICA_

18, Asc("N")

GL.glPopMatrix

GL.glPushMatrix

GL.glRasterPos3f -OutR * 1.1, 0, 0

GL.glColor3f 1#, 0#, 0#

GLUT.glutBitmapCharacter　　GLUT.GLUT_BITMAP_HELVETICA_

18, Asc("S")

GL.glPopMatrix

GL.glPushMatrix

GL.glRasterPos3f 0, 0, OutR * 1.1

GL.glColor3f 1#, 0#, 0#

GLUT.glutBitmapCharacter　　GLUT.GLUT_BITMAP_HELVETICA_

18, Asc("E")

GL.glPopMatrix

GL.glPushMatrix

GL.glRasterPos3f 0, 0, -OutR * 1.1

GL.glColor3f 1#, 0#, 0#

GLUT.glutBitmapCharacter　　GLUT.GLUT_BITMAP_HELVETICA_

18, Asc("W")

```
        GL.glPopMatrix
End Sub
```

9.2　姿态变化

飞机在飞行过程中,有方位和姿态的变化(见图 9 - 5),需要实时求解当前的太阳辐射能量。为了简化运算,飞机本体与太阳能电池板的姿态变换采用两种不同的方法进行处理:飞机本体不参与太阳辐射能量计算,使用 OpenGL 的图形旋转变换;而太阳能电池板参与太阳辐射能量计算,需要求解姿态变化后真实的位置信息,就需要对太阳能电池板的点进行求解。

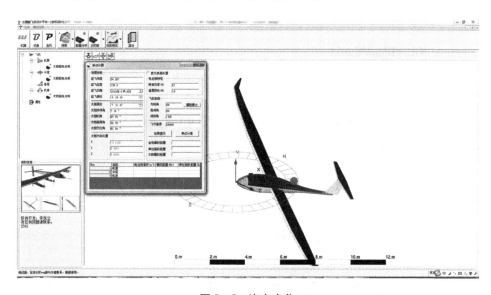

图 9 - 5　姿态变化

飞机本体的变化在显示变换中使用 OpenGL 的旋转函数 glRotatef:

glRotatef Angle,X,Y,Z

其中 Angle 为角度,(X,Y,Z) 为点的坐标。该函数表示模型绕点 (X,Y,Z) 到原点的直线旋转的角度。比如 glRotatef 45,0,0,1,代表的就是绕 Z 轴旋转 45°。

在 OpenGL 中,旋转变换前需要对矩阵进行处理,在这里采用的是矩阵堆栈的方法,旋转变换基本代码结构如下:

GL.glPushMatrix

```
    glRotatef RotX,1,0,0
    glRotatef RotY,0,1,0
    glRotatef RotZ,0,0,1
    Call DrawPlane
GL.glPopMatrix
```

相对于飞机本体的显示变换,太阳能电池板的数值变换就复杂多了。如图 9-5 所示,沿弦向向后为 X 轴正方向,在对称面与 X 轴垂直向上为 Y 轴正方向,展向离开对称面向左为 Z 轴正方向。采用代码中的正体表示,则俯仰角为 RotZ,偏航角为 RotY,滚转角为 RotX,在转换公式中其单位为 rad,在程序设计中其单位为(°)以便于使用,因此需要在代码中对角度单位进行转换。

俯仰运动时,物面坐标转换公式为

$$X_{new} = \cos(RotZ) \times Y + \sin(RotZ) \times Y$$
$$Y_{new} = -\sin(RotZ) \times Y + \cos(RotZ) \times Y$$
$$Z_{new} = Z$$

偏航运动时,物面坐标转换公式为

$$X_{new} = \cos(RotY) \times Y - \sin(RotY) \times Z$$
$$Y_{new} = Y$$
$$Z_{new} = \sin(RotY) \times X + \cos(RotY) \times Z$$

滚转运动时,物面坐标转化公式为

$$X_{new} = X$$
$$Y_{new} = \cos(RotX) \times Y + \sin(RotX) \times Z$$
$$Z_{new} = -\sin(RotX) \times Y + \cos(RotX) \times Z$$

具体代码如下:

```
Public Sub RotSolarPan(ThisSolarPan As SolarPan)
    '----------太阳能电池板
    Dim TX() As Double
    Dim TY() As Double
    Dim TZ() As Double

    Dim TA As Double
```

```
    Dim CA As Double
    Dim SA As Double

    With ThisSolarPan
        ReDim TX(.GXNI, .GZNI) As Double
        ReDim TY(.GXNI, .GZNI) As Double
        ReDim TZ(.GXNI, .GZNI) As Double
        '----------RotX--------
        TA = .RotX * PI / 180
        CA = Cos(TA)
        SA = Sin(TA)
        For i = 1 To .GXNI
            For j = 1 To .GZNI
                TX(i, j) = .GridX(i, j)
                TY(i, j) = CA * .GridY(i, j) + SA * .GridZ(i, j)
                TZ(i, j) = -SA * .GridY(i, j) + CA * .GridZ(i, j)
            Next j
        Next i

        For i = 1 To .GXNI
            For j = 1 To .GZNI
                .GridX(i, j) = TX(i, j)
                .GridY(i, j) = TY(i, j)
                .GridZ(i, j) = TZ(i, j)
            Next j
        Next i
        '----------RotZ--------
        TA = .RotZ * PI / 180
        CA = Cos(TA)
        SA = Sin(TA)
        For i = 1 To .GXNI
```

```
        For j = 1 To .GZNI
            TX(i, j) = CA * .GridX(i, j) + SA * .GridY(i, j)
            TY(i, j) = -SA * .GridX(i, j) + CA * .GridY(i, j)
            TZ(i, j) = .GridZ(i, j)
        Next j
    Next i


    For i = 1 To .GXNI
        For j = 1 To .GZNI
            .GridX(i, j) = TX(i, j)
            .GridY(i, j) = TY(i, j)
            .GridZ(i, j) = TZ(i, j)
        Next j
    Next i
    '-----------RotY--------
    TA = .RotY * PI / 180
    CA = Cos(TA)
    SA = Sin(TA)
    For i = 1 To .GXNI
        For j = 1 To .GZNI
            TX(i, j) = CA * .GridX(i, j) - SA * .GridZ(i, j)
            TY(i, j) = .GridY(i, j)
            TZ(i, j) = SA * .GridX(i, j) + CA * .GridZ(i, j)
        Next j
    Next i


    For i = 1 To .GXNI
        For j = 1 To .GZNI
            .GridX(i, j) = TX(i, j)
            .GridY(i, j) = TY(i, j)
```

```
                .GridZ(i, j) = TZ(i, j)
            Next j
        Next i


    '-------------------------------------------------
        If .Type <> 1 Then
            '----------RotX--------
            TA = .RotX * PI / 180
            CA = Cos(TA)
            SA = Sin(TA)
            For i = 1 To .GXNI
                For j = 1 To .GZNI
                    TX(i, j) = .GridNX(i, j)
                    TY(i, j) = CA * .GridNY(i, j) +SA * .GridNZ(i, j)
                    TZ(i, j) = -SA * .GridNY(i, j) +CA * .GridNZ(i, j)
                Next j
            Next i


            For i = 1 To .GXNI
                For j = 1 To .GZNI
                    .GridNX(i, j) = TX(i, j)
                    .GridNY(i, j) = TY(i, j)
                    .GridNZ(i, j) = TZ(i, j)
                Next j
            Next i
            '----------RotZ--------
            TA = .RotZ * PI / 180
            CA = Cos(TA)
            SA = Sin(TA)
            For i = 1 To .GXNI
```

```
For j = 1 To .GZNI
    TX(i, j) = CA * .GridNX(i, j) +SA * .GridNY(i, j)
    TY(i, j) = −SA * .GridNX(i, j) +CA * .GridNY(i, j)
    TZ(i, j) = .GridNZ(i, j)
Next j
Next i


For i = 1 To .GXNI
    For j = 1 To .GZNI
        .GridNX(i, j) = TX(i, j)
        .GridNY(i, j) = TY(i, j)
        .GridNZ(i, j) = TZ(i, j)
    Next j
Next i
'----------RotY--------
TA = .RotY * PI / 180
CA = Cos(TA)
SA = Sin(TA)
For i = 1 To .GXNI
    For j = 1 To .GZNI
        TX(i, j) = CA * .GridNX(i, j) −SA * .GridNZ(i, j)
        TY(i, j) = .GridNY(i, j)
        TZ(i, j) = SA * .GridNX(i, j) +CA * .GridNZ(i, j)
    Next j
Next i


For i = 1 To .GXNI
    For j = 1 To .GZNI
        .GridNX(i, j) = TX(i, j)
        .GridNY(i, j) = TY(i, j)
```

```
                        .GridNZ(i, j) = TZ(i, j)
                Next j
            Next i
        End If
    End With
End Sub
```

9.3 太阳能电池板辐射能量求解

太阳能电池板的辐射能量求解,本质是求解该太阳能电池板的辐射能量通量。前几章介绍了太阳能电池板的矢量 N,太阳能电池板的面积 A,太阳光矢量 S 的求解方法。那么太阳能电池板单元的太阳辐射能量通量 E 的公式为

$$E = A \frac{S \cdot N}{|S| \times |N|}$$

具体实现代码如下:

```
Public Sub CalSunPanEng( )
    Dim CA As Double
    Dim SunB As Double
    Dim SurfB As Double


    For ii = 1 To MySurfNI
        If MySurf(ii).AddSolar Then
            With MySurf(ii).SolarEng


                .PanEngSum = 0
                For j = 1 To .VZNI
                    For i = 1 To .VXNI
                        CA = SunX * .VertexX(i, j) + SunY * .VertexY(i, j)_
                        + SunZ * .VertexZ(i, j)
                        If CA >= 0 Then
```

```
            SunB = (SunX ^ 2+SunY^2+SunZ^2) ^0.5
            SurfB = (.VertexX(i, j)^2+.VertexY(i, j) ^ 2_
            + .VertexZ(i, j) ^ 2) ^ 0.5
            .GridE(i, j) = SunG * CA/ SunB/ SurfB *_
            Solar.PanEffect * Solar.EngEffect / 1000
        Else
            .GridE(i, j) = 0
        End If
        If EngMax <= .GridE(i, j) Then EngMax =_
        .GridE(i, j)
        If EngMin >= .GridE(i, j) Then EngMin =_
        .GridE(i, j)

        .PanEngSum = .PanEngSum +_
              .GridE(i, j) * .GridS(i, j)
      Next i
  Next j


  If MySurf(ii).Type <> 1 Then
      ReDim .GridNE(.VNXNI, .VNZNI) As Double
      For j = 1 To .VNZNI
          For i = 1 To .VNXNI
              CA = SunX * .VertexNX(i,j)_+SunY * ._
              VertexNY(i, j) + SunZ * .VertexNZ(i, j)
              If CA >= 0 Then
                  SunB = (SunX ^ 2 + SunY ^ 2_
                  + SunZ ^ 2) ^ 0.5
                  SurfB = (.VertexNX(i, j) ^ 2_
                  +.VertexNY(i,j)^2+.VertexNZ(i,j)^_
                  2) ^ 0.5
```

```
                        .GridNE(i, j) = SunG * CA / SunB /_
                        SurfB * Solar. PanEffect * Solar._
                        EngEffect / 1000
                    Else
                        .GridNE(i, j) = 0
                    End If

                    If EngMax <= .GridNE(i, j) Then_
                        EngMax = .GridNE(i, j)
                    If EngMin >= .GridNE(i, j) Then_
                        EngMin = .GridNE(i, j)
                    .PanEngSum = .PanEngSum +_
                                .GridNE(i,j) * .GridNS(i,j)
                Next i
            Next j
        End If
        .PanPowSum = .PanEngSum / .PanSurfSum
    End With
    End If
Next ii
For ii = 1 To MyBodyNI
    If MyBody(ii).AddSolar Then
        With MyBody(ii).SolarEng
            .PanEngSum = 0
            For j = 1 To .VZNI
                For i = 1 To .VXNI
                    CA = SunX * .VertexX(i, j) + SunY *_
                        .VertexY(i, j) + SunZ * .VertexZ(i, j)
                    If CA >= 0 Then
                        SunB = (SunX ^ 2 + SunY^2 + SunZ^2) ^0.5
```

```
            Surf B = (.VertexX(i, j) ^ 2 + _
                .VertexY(i, j) ^ 2 + .VertexZ(i, j) ^_
                2) ^ 0.5
                .GridE(i, j) = SunG * CA / SunB /_
                SurfB * Solar.PanEffect * Solar.EngEffect /
                1000
            Else
                .GridE(i, j) = 0
            End If
            If EngMax <= .GridE(i, j) Then EngMax =_
            .GridE(i, j)
            If EngMin >= .GridE(i, j) Then EngMin =_
            .GridE(i, j)

            .PanEngSum = .PanEngSum +_ .GridE(i, j) *_
            .GridS(i, j)
                Next i
            Next j
            .PanPowSum = .PanEngSum / .PanSurfSum
        End With
    End If
    Next ii
    If EngMax > 0 Then
        EngMin = 0
        EngMax = 1 / EngMax
        EngMax = Int(EngMax)
        EngMax = 1 / EngMax
    End If
    EngMid = (EngMax + EngMin) / 2
End Sub
```

在上述代码中,.PanEngSum 变量用于部件太阳能电池板能量的累积。

9.4 云图计算与显示

经过 9.3 节的运算,我们已经获取了每个太阳能电池板单元的太阳辐射能量。如何绘制如图 9-2 和图 9-3 所示的云图就是本节要讲解的内容。从图9-2 和图 9-3 可以看出,太阳能电池板的颜色根据太阳辐射能量大小从红色到绿色到蓝色分布,分布的函数本质是 R(红色)、G(绿色)、B(蓝色)3 个数值的组合:当辐射能量最小时只显示蓝色;当辐射能量最大时只显示红色;介于两者之间的辐射能量是 3 种色彩的组合。具体函数表可以采用本文的形式,也可以由读者按自己喜欢的方式定义。转化曲线如图 9-6 所示。

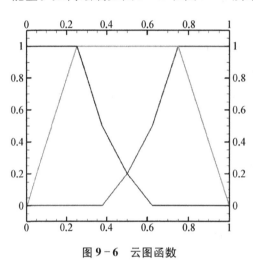

图 9-6 云图函数

函数表云图计算的代码如下:

```
Public Sub CalColor( v As Double, CLR As Double, CLG As Double, CLB
As Double)
        Dim X(9) As Double
        Dim B(9) As Double
        Dim G(9) As Double
        Dim R(9) As Double

        For i = 1 To 9
            X(i) = 0.125 * (i - 1)
        Next i
        B(1) = 1#
        B(2) = 1#
        B(3) = 1#
        B(4) = 0.5
```

B(5) = 0.2

B(6) = 0#

B(7) = 0#

B(8) = 0#

B(9) = 0#

G(1) = 0

G(2) = 0.5

G(3) = 1#

G(4) = 1#

G(5) = 1#

G(6) = 1#

G(7) = 1#

G(8) = 0.5

G(9) = 0#

R(1) = 0#

R(2) = 0#

R(3) = 0#

R(4) = 0#

R(5) = 0.2

R(6) = 0.5

R(7) = 1#

R(8) = 1#

R(9) = 1#


```
For i = 1 To 8
    If v >= X(i) And v <= X(i + 1) Then
        CLB = (v - X(i)) * (B(i + 1) - B(i)) / (X(i + 1) -_
        X(i)) + B(i)
        CLG = (v - X(i)) * (G(i + 1) - G(i)) / (X(i + 1) -_
```

```
                        X(i)) + G(i)
                        CLR = (v - X(i)) * (R(i + 1) - R(i)) / (X(i + 1) -_
                        X(i)) + R(i)
                    End If
                Next i
        End Sub
```

云图显示过程如下:

```
Public Sub ShowEngResult()
        Dim CLR As Double
        Dim CLB As Double
        Dim CLG As Double
        Dim v As Double


        For ii = 1 To MySurfNI
            If MySurf(ii).AddSolar = True Then
                With MySurf(ii)


                    For i = 1 To .SolarPan.GXNI Step 4
                        glLineWidth 2
                        glColor3f 0.5, 0.5, 0.5
                        glBegin bmLineStrip
                        For j = 1 To .SolarPan.GZNI
                            glVertex3f .SolarPan.GridX(i, j), _
                            .SolarPan.GridY(i, j), .SolarPan.GridZ(i, j)
                        Next j
                        glEnd
                    Next i
                    For j = 1 To .SolarPan.GZNI
                        glLineWidth 2
                        glColor3f 0.5, 0.5, 0.5
                        glBegin bmLineStrip
```

```
    For i = 1 To .SolarPan.GXNI Step 4
        glVertex3f .SolarPan.GridX(i, j),_
        .SolarPan.GridY(i, j), .SolarPan.GridZ(i, j)
    Next i
    glEnd
Next j
For j = 1 To .SolarPan.GZNI - 1
    For i = 1 To .SolarPan.GXNI - 1
        If .SolarEng.GridE(i, j) > 0 Then
            v = (.SolarEng.GridE(i, j) - EngMin) /_
            (EngMax - EngMin)
            Call Solar.CalColor(v, CLR, CLG, CLB)
        Else
            CLR = 0.5
            CLG = 0.5
            CLB = 0.5
        End If
        glColor3f CLR, CLG, CLB
        glBegin bmQuads
            glVertex3f .SolarPan.GridX(i, j), .SolarPan._
            GridY(i, j), .SolarPan.GridZ(i, j)
            glVertex3f .SolarPan.GridX(i, j + 1), .SolarPan._
            GridY(i, j + 1), .SolarPan.GridZ(i, j + 1)

            glVertex3f .SolarPan.GridX(i + 1, j + 1),_
            .SolarPan.GridY(i + 1, j + 1), .SolarPan.
            GridZ_(i + 1, j + 1)
            glVertex3f .SolarPan.GridX(i + 1, j), .SolarPan._
            GridY(i + 1, j), .SolarPan.GridZ(i + 1, j)
        glEnd
    Next i
```

```
                Next j
                If .Type <> 1 Then    ' 对称面

                    For i = 1 To .SolarPan.GXNI Step 4
                        glLineWidth 2
                        glColor3f 0.5, 0.5, 0.5
                        glBegin bmLineStrip
                        For j = 1 To .SolarPan.GZNI
                                glVertex3f .SolarPan.GridNX(i, j),_
                                .SolarPan.GridNY(i, j), .SolarPan.GridNZ_
                                (i, j)
                        Next j
                        glEnd
                    Next i
                    For j = 1 To .SolarPan.GZNI
                        glLineWidth 2
                        glColor3f 0.5, 0.5, 0.5
                        glBegin bmLineStrip
                        For i = 1 To .SolarPan.GXNI Step 4
                                glVertex3f .SolarPan.GridNX(i, j),_
                                .SolarPan.GridNY(i, j), .SolarPan.GridNZ_
                                (i, j)
                        Next i
                        glEnd
                    Next j
                    For j = 1 To .SolarPan.GZNI - 1
                        For i = 1 To .SolarPan.GXNI - 1
                            If .SolarEng.GridNE(i, j) > 0 Then
                                v = (.SolarEng.GridNE(i, j) -EngMin) /_
                                (EngMax - EngMin)
                                Call Solar.CalColor(v, CLR, CLG, CLB)
```

```
                              Else
                                  CLR = 0.5
                                  CLG = 0.5
                                  CLB = 0.5
                              End If
                              glColor3f CLR, CLG, CLB
                              glBegin bmQuads
                                  glVertex3f .SolarPan.GridNX(i, j), ._
                                  SolarPan. GridNY(i, j), . SolarPan.
                                  GridNZ_(i, j)
                                  glVertex3f .SolarPan.GridNX(i + 1,_
                                  j), . SolarPan. GridNY(i + 1, j),_
                                  .SolarPan.GridNZ(i + 1, j)
                                  glVertex3f .SolarPan.GridNX(i + 1,_
                                  j + 1), .SolarPan. GridNY(i + 1, j +
                                  1),_ .SolarPan.GridNZ(i + 1, j + 1)
                                  glVertex3f .SolarPan.GridNX(i, j +_
                                  1), . SolarPan. GridNY(i, j + 1),_
                                  .SolarPan.GridNZ(i, j + 1)
                              glEnd
                         Next i
                    Next j
                End If
            End With
        End If
Next ii

For ii = 1 To MyBodyNI
    If MyBody(ii).AddSolar = True Then
        With MyBody(ii)
```

```
For i = 1 To .SolarPan.GXNI Step 4
    glLineWidth 2
    glColor3f 0.5, 0.5, 0.5
    glBegin bmLineStrip
    For j = 1 To .SolarPan.GZNI
        glVertex3f .SolarPan.GridX(i, j), .SolarPan._
        GridY(i, j), .SolarPan.GridZ(i, j)
    Next j
    glEnd
Next i
For j = 1 To .SolarPan.GZNI
    glLineWidth 2
    glColor3f 0.5, 0.5, 0.5
    glBegin bmLineStrip
    For i = 1 To .SolarPan.GXNI Step 4
        glVertex3f .SolarPan.GridX(i, j), .SolarPan._
        GridY(i, j), .SolarPan.GridZ(i, j)
    Next i
    glEnd
Next j
For j = 1 To .SolarPan.GZNI − 1
    For i = 1 To .SolarPan.GXNI − 1
        If .SolarEng.GridE(i, j) > 0 Then
            v = (.SolarEng.GridE(i, j) − EngMin) /_
            (EngMax − EngMin)
            Call Solar.CalColor(v, CLR, CLG, CLB)
        Else
            CLR = 0.5
            CLG = 0.5
            CLB = 0.5
        End If
```

```
glColor3f CLR, CLG, CLB
glBegin bmQuads
    glVertex3f .SolarPan.GridX(i, j), .SolarPan._
    GridY(i, j), .SolarPan.GridZ(i, j)
    glVertex3f .SolarPan.GridX(i, j + 1), .SolarPan._
    GridY(i, j + 1), .SolarPan.GridZ(i, j + 1)
    glVertex3f .SolarPan.GridX(i + 1, j + 1),_
    .SolarPan.GridY(i + 1, j + 1), .SolarPan.
    GridZ_(i + 1, j + 1)
    glVertex3f .SolarPan.GridX(i + 1, j), .SolarPan._
GridY(i + 1, j), .SolarPan.GridZ(i + 1, j)
    glEnd
        Next i
    Next j
End With
    End If
Next ii
End Sub
```

第 10 章

跨昼夜太阳能无人机蓄电池质量计算

太阳能无人机是利用太阳辐射能量在高空进行长时间飞行的飞行器。在一个时间周期(24 h)内,太阳能无人机白天的飞行能量来源于太阳辐射,夜间的飞行需要借助自身携带的蓄电池储存的能量。蓄电池的能量储存能力决定了太阳能无人机是否能够持续飞行;在蓄电池能量密度确定的情况下,决定太阳能无人机持续飞行能力的关键在于蓄电池的质量。因此,在方案设计阶段,快速准确地计算太阳能无人机蓄电池质量对方案的评估至关重要。

本章将介绍一种能够快速准确地获取太阳能无人机跨昼夜飞行需要的蓄电池质量的方法。

10.1 模型构建

对于太阳能无人机蓄电池质量的计算,文献[1, 21]采用直接计算方法,即根据飞行阶段积分算出总能量,然后再求解电池质量。直接计算方法的问题在于约束条件使用困难,无法形成鲁棒性强的迭代求解循环,不具有工程实施价值。本章算法的计算原理:假设全机质量都由蓄电池质量构成,基于飞行剖面和太阳辐射模型,对跨昼夜飞行时段做离散处理,分步积分获取在跨昼夜飞行过程中蓄电池的储能情况;如果在该蓄电池质量下储备的能量满足约束条件,则减去一定的蓄电池质量(如 1 kg),迭代计算,直至不能满足约束条件为止,那么上一次迭代计算得到的蓄电池质量就是该无人机在该试验条件下能够跨昼夜飞行的最小电池质量。

图 10-1 所示为太阳能无人机的典型飞行剖面[1],对于跨昼夜计算来说,需要计算的区域为 AG,采用分段判断蓄电池状态的方法:

(1) 初始化,蓄电池质量等同于无人机起飞质量。

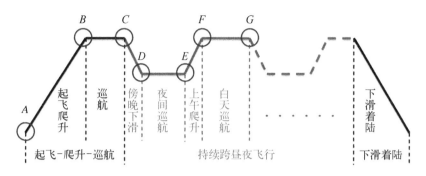

图 10 - 1　太阳能无人机的典型飞行剖面

（2）在 A 点，太阳能蓄电池为满电状态。

（3）AB 段，文献[2]采用固定功率爬升，但未给出依据；本章采用固定爬升时间爬升，采用此法的好处在于，可以根据不同日期、不同经纬度地区太阳辐射条件，选择合适的爬升时间以降低固定爬升的功率消耗。在固定爬升时间条件下的固定功率求解为迭代求解，首先根据巡航高度和爬升时间计算平均爬升率，并以此为基础，以爬升时间与巡航高度为约束迭代计算爬升功率。该段为蓄电池与太阳能电池共同供电，如果无人机消耗的能量与太阳辐射输入的能量之和小于 0，则蓄电池能量减少；如果无人机消耗的能量与太阳辐射输入的能量之和大于 0，则蓄电池能量增加。如果输入蓄电池的能量大于蓄电池的储能，则蓄电池的能量不再增加；如果蓄电池的储能小于蓄电池的最小余电要求，则停止计算。

（4）BC 段为第一天巡航阶段，C 点为下滑点，下滑点的约束条件为太阳辐射转换功率小于巡航需用功率和设备功率之和。该段为蓄电池与太阳能电池共同供电，如果消耗的能量与输入的能量之和小于 0，则蓄电池能量减少；如果消耗的能量与输入的能量之和大于 0，则蓄电池能量增加；如果蓄电池的能量大于蓄电池的储能，则蓄电池能量不再增加；如果蓄电池的储能小于蓄电池最小余电要求，则停止计算；如果在 C 点处，蓄电池没有充满，则停止计算。

（5）CD 段为下滑段，采用无动力下滑方式。此时，太阳辐射的能量用于设备供电，如果太阳辐射能量不够，则使用蓄电池的储能进行供电；如果太阳辐射能量富余，则蓄电池能量不再增加；如果蓄电池的储能小于蓄电池最小余电要求，则停止计算。

（6）DE 段为夜间飞行段，如果在 E 点处的第二天太阳辐射功率大于第二天爬升功率设备功率之和，则无人机开始爬升。其中，第二天爬升功率计算方法与 AB 段相同,即采用固定爬升时间。

(7) EF 段为第二天爬升段,该段为蓄电池与太阳能电池共同供电。如果消耗的能量与输入的能量之和小于 0,则蓄电池能量减少;如果消耗的能量与输入的能量之和大于 0,则蓄电池能量增加;如果蓄电池的能量大于蓄电池的储能,则蓄电池能量不再增加;如果蓄电池的储能小于蓄电池最小余电要求,则停止计算。

(8) FG 段为第二天巡航阶段,G 点为下滑点,下滑点的约束条件为太阳辐射转换功率小于巡航需用功率。该段为蓄电池与太阳能电池共同供电,如果消耗的能量与输入的能量之和小于 0,则蓄电池能量减少;如果消耗的能量与输入的能量之和大于 0,则蓄电池能量增加;如果蓄电池的能量大于蓄电池的储能,则蓄电池能量不再增加;如果蓄电池的储能小于蓄电池最小余电要求,则停止计算;如果在 G 点处,蓄电池没有充满,则停止计算。

(9) 如果在 G 点处蓄电池充满,则电池质量减去特定值(比如 1 kg)返回(2)继续求解,直至不能满足为止。其上一个计算状态为跨昼夜飞行需要的蓄电池的最小质量。

太阳辐射能量计算采用的是直接辐射模型[16],详见第 5 章相关论述。特别注意的是大气透明度模型的使用,大气透明度的计算公式如下:

$$\tau_b = 0.56 \times (e^{-0.56 \times m(z,h)} + e^{-0.096 \times m(z,h)}) \times k_1 \qquad (10-1)$$

其中参数 k_1 的取值范围为 $[0.80, 0.90]$,此处取 0.85;z 为海拔高度;h 为太阳高度角。

当太阳高度角 $h \geqslant 30°$ 时,大气质量可以表述为

$$m(h) = \frac{1}{\sin h} \qquad (10-2)$$

当太阳高度角 $h < 30°$ 时,大气质量可以表述为

$$m(h) = \sqrt{1\,229 + (614 \times \sin h)^2} - 614 \times \sin h \qquad (10-3)$$

温度对大气质量 m 的影响忽略不计。而在飞行过程中,大气压力的变化影响大气质量 m,需要对其进行修正。

$$m(z,h) = m(h) \times \left(\frac{288 - 0.006\,5 \times z}{288} \right)^{5.256} \qquad (10-4)$$

太阳高度角 h 是日期、经纬度、时刻的函数,具体公式见 5.3 节。辐射特性模块运行结果如图 10-2 所示,可以看出随着时间的变化,其高度角特性呈现非线性的变化。

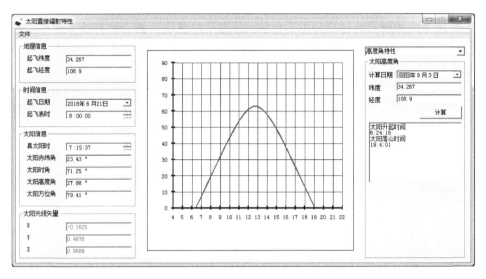

图 10-2　9 月 3 日西安地区太阳高度角与当地时间的关系

因此,不同日期、不同经纬度、不同时刻下太阳高度角是不同的,加之海拔高度的影响,大气透明度并非一成不变,需要实时解算。对于大气透明度,文献[22]采用了简化处理,即使用固定数值(如 0.85)进行计算,这样必然会带来较大的误差。特别是在第二天爬升阶段,太阳高度角较小,容易给出过于乐观的计算结果。如图 10-3 所示,采用文献[22]的计算状态,将文献结果与本章的模型计算结果对比,可以看出,文献[4]中固定大气透明度的方法带来了巨大的能量误差,特别是早晚时刻,给出了过于乐观的计算结果。

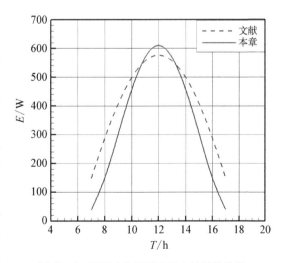

图 10-3　不同大气透明度带来的能量差异

10.2 算例分析

图 10-4 所示为计算分析平台的总能量分析模块。需要填写的参数包括布局参数、电气参数、电池特性、电池板特性、飞行设置、计算设置。算例使用的计算参数见表 10-1。

图 10-4 总能量分析模块

表 10-1 计 算 参 数

变 量	数 值
展长/m	20
平均气动弦长/m	1
机翼面积/m²	20
设计升阻比	31
翼载/(kg·m²)	4.3
设备功率/W	100
电调效率	0.9

续　表

变　　量	数　　值
电机效率	0.9
螺旋桨效率	0.75
放电深度/%	90
能量密度/($\mathrm{W \cdot h \cdot kg^{-1}}$)	220
铺设比例/%	90
转换效率/%	21
温度损失/%	10
起飞高度/m	0
白天巡航高度/m	20 000
起飞爬升时长/h	5
夜间巡航高度/m	12 000
再次爬升时长/h	4
飞行升力系数	1.1
高空风速/($\mathrm{m \cdot s^{-1}}$)	0

在图 10-4 所示的算例中,计算日期为夏至日 6 月 21 日,计算位置为西安地区,计算起飞时间为表时早晨 6 点,在软件中对北京时间与当地太阳真时进行换算。积分间隔设定为 12 min,即 0.2 h(该数值可以调整)。迭代计算直接输出该飞行状态下的功率需求与关键时间,如表 10-2 所示。

表 10-2　输 出 参 数

变　　量	数　　值
白天巡航功率需求/W	1 320.25
夜间巡航功率需求/W	702.62

续　表

变　　量	数　　值
第一天爬升需要的功率/W	2 265.73
第二天爬升需要的功率/W	1 778.70
夜间滑翔时间/h	3.29
开始滑翔时间/h	16.10
开始滑翔太阳能功率/W	1 389.89
第二天开始爬升时间/h	8.75
第二天开始爬升太阳能功率/W	1 900.21

图 10 - 5 是蓄电池质量迭代计算结果,迭代次数为 41 次,计算停止于 46 kg 蓄电池质量,蓄电池质量占全机质量的比例(简记质量占比)为 53.5%。其上一次迭代计算结果为 47 kg,质量占比为 54.7%,该质量为在该计算条件下太阳能无人机能够实现跨昼夜飞行的最小蓄电池质量结果。图 10 - 6 为在该蓄电池质量条件下的跨昼夜计算结果,图 10 - 7~图 10 - 8 为计算结果的曲线显示。

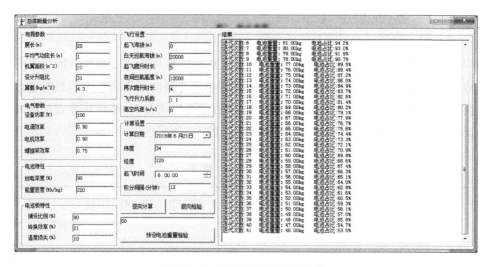

图 10 - 5　蓄电池质量迭代求解

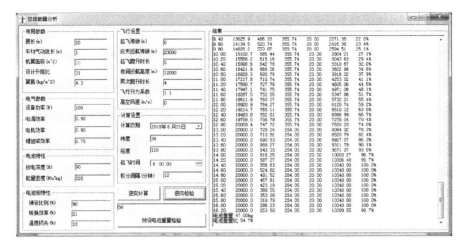

图 10 − 6　校验计算

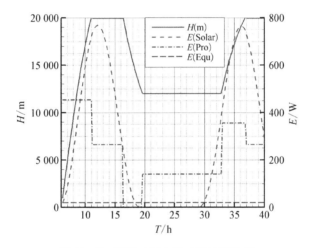

图 10 − 7　不同时刻全机功率计算结果

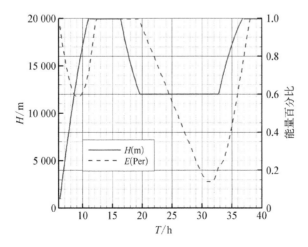

图 10 − 8　不同时刻蓄电池能量百分比

10.3 讨论

对于飞机设计的方案阶段,在铺设太阳能电池板时忽略表面曲率和机翼安装角[23]。在详细设计阶段,则需要考虑表面曲率影响,如图 10-9 所示。使用计算分析平台的建模功能在一架滑翔机的机翼上铺设太阳能电池板,图 10-10

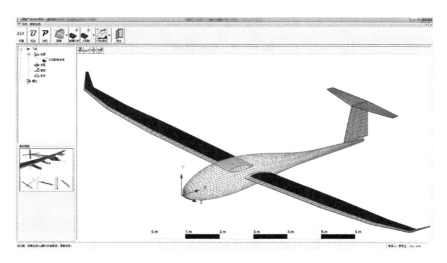

图 10-9 太阳能电池板铺设

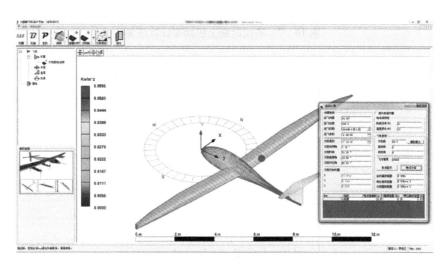

图 10-10 太阳能辐射计算设置与结果显示

为平台计算结果。图 10 - 11~图 10 - 12 为该计算平台输出的辐射计算结果云图,计算状态为西安地区,飞行高度为 20 000 m,飞行时刻为 2018 年 9 月 3 日上午 8 点。图 10 - 11 为向东飞行,全机辐射功率为 0.17 kW;图 10 - 12 为向西飞行,全机辐射功率为 0.36 kW,比向东飞行高了一倍。在飞艇、机身表面、弯曲变形的机翼等曲率大的位置上铺设太阳能电池板,就不能使用平板来替代,如图 10 - 13~图 10 - 15 所示。

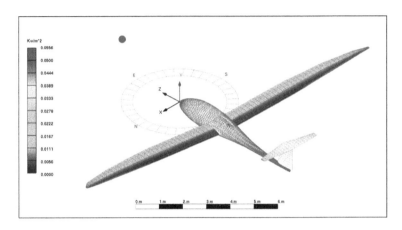

图 10 - 11　向东飞的结果输出

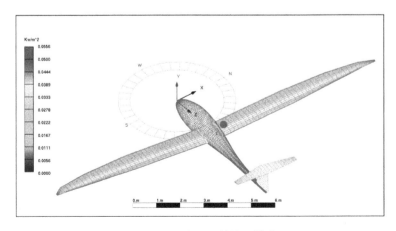

图 10 - 12　向西飞的结果输出

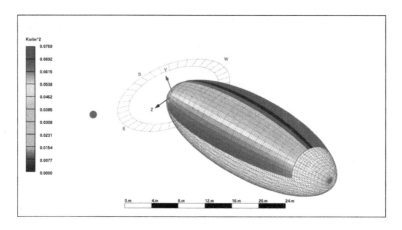

图 10 - 13　飞艇的计算结果

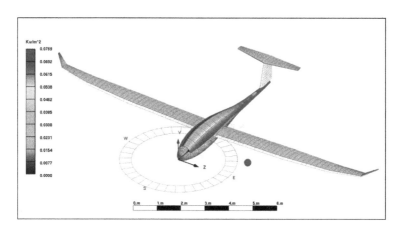

图 10 - 14　机身表面的计算结果

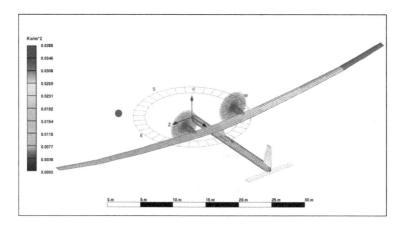

图 10 - 15　大变形机翼带来的辐射影响差异

在相同需用升力系数的情况下,升阻比的提升将会降低阻力系数,进而减小对推进功率的需求。在上文计算中,设计升阻比为 31,蓄电池质量的计算结果为 47 kg。当设计升阻比为 32 时,蓄电池质量的计算结果为 45 kg;当设计升阻比为 33 时,蓄电池质量的计算结果为 43 kg;当设计升阻比为 34 时,蓄电池质量的计算结果为 41 kg。图 10 - 16 为设计升阻比为 35 时的蓄电池质量计算结果。

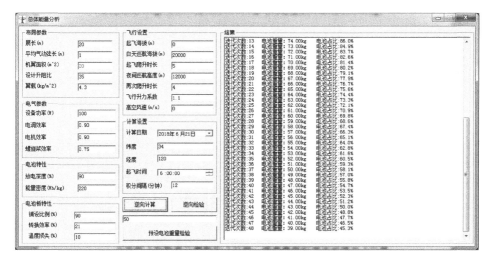

图 10 - 16　设计升阻比影响的计算结果

太阳能无人机的机翼载荷小,随着机翼载荷的增加,飞行需用能量会增加,进而蓄电池的质量增加。在上文计算中,机翼载荷为 4.3 kg/m²,蓄电池质量的计算结果为 47 kg。当机翼载荷为 4.4 kg/m² 时,蓄电池质量的计算结果为 48 kg;当机翼载荷为 4.5 kg/m² 时,蓄电池质量的计算结果为 50 kg;当机翼载荷为 4.6 kg/m² 时,迭代终止,不满足跨昼夜飞行条件,如图 10 - 17 所示。通过校核计算发现,在第二天下降时,蓄电池没有充满电,计算终止,如图 10 - 18 所示。

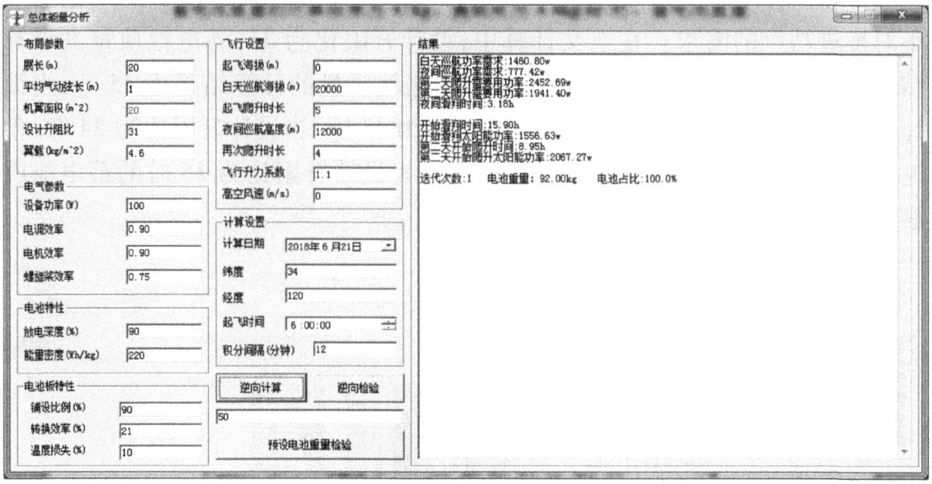

图 10 - 17 迭代终止

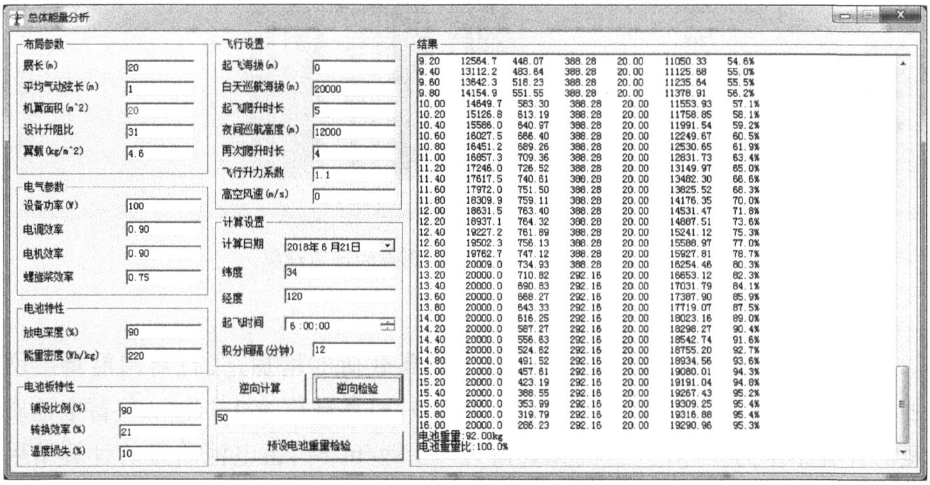

图 10 - 18 迭代终止原因

第11章

部件对太阳光线遮挡的计算

本章我们将深入探讨太阳辐射计算中的遮挡问题。太阳能电池板铺设在各部件上,如图 11 - 1 所示,当太阳高度角较小时,从飞机左侧进入的阳光因为机身的阻挡使得右侧的机翼存在阴影区,即遮挡区,被遮挡的电池板接收不到阳光,不能产生电能。在前几个章节中,我们没有考虑部件的遮挡问题,使得能量计算的结果偏大。

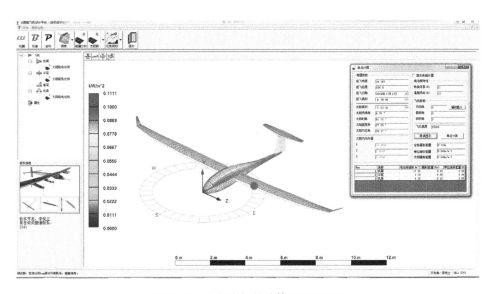

图 11 - 1 单状态辐射计算及云图显示

部件遮挡求解问题也是雷达散射截面积(RCS)计算中需要解决的问题,因此我们可以借鉴高频 RCS 计算的思路。在高频 RCS 计算中,一般采用物理光学(PO)法[24-25]、几何—物理光学(GO - PO)法[26]、图形电磁计算(GRECO)法[27]等。这些方法都使用离散的面元模拟真实被照射物体表面,需要对被遮挡的面元进行求解,与我们求解太阳辐射的原理基本类似。

相对来说,GRECO 法使用图形软件标准接口(OpenGL)对目标进行显示与消隐,极大减轻了 PO 法、GO-PO 法中面元相互关系求解的计算量,本书介绍的 OpenGL 基础技术可以开展类似的计算。但是传统 GRECO 存在 3 个问题:① 用像素点来表示一块面元,对于尺寸较大、形状复杂的目标,其精度低[28-29];② 需要对模型进行多次着色渲染,采用的光照模型复杂[30-31];③ 利用深度缓冲区的深度信息来进行遮挡判断,可能存在深度冲突问题[26,32]。

11.1 算法描述

本章的方法同样是基于 OpenGL 开展的遮挡面求解,与传统 GRECO 法不同的是:① 采用面元着色,而非 1 个像素代表 1 个面元,保障了求解精度;② 不使用光照模型,无须多次进行照射与求解;③ 使用颜色缓冲区数据,而不使用深度缓冲区数据,虽然颜色缓冲区由深度缓冲区决定,但是颜色缓冲区处理起来更加直观与方便;④ 采用面元矢量与入射矢量内积对深度偏差进行修正。上述改进可提升遮挡求解效率与精度。

主体算法流程如下:

(1) 读取面元信息,包括 4 个节点和 1 个法向矢量数据,记面元个数为 NI,设置所有面元显示控制数组 SBoolean(I) = 1(I=1,2,…,NI)。

(2) 在 VB 的 OpenGL 函数中,RGB 颜色使用的是 GLbyte 数据类型,GLbyte 为 8 位,范围为-128 ~127,因此可根据面元的索引号 Index 将每个面元的颜色定义为

B = int(Index/126/126)

G = int((Index-B * 126)/126)

R = Index-G * 126-B * 126 * 126

使用 VB 的 OpenGL 函数定义颜色最大的面元个数为 126×127×127 = 2 032 254。为了便于说明,在测试软件中添加辅助信息显示功能,包括矢量信息、索引信息、颜色信息、深度信息的显示,如图 11-2 所示(彩图见附录)。

(3) 绘制面元,使用 OpenGL 的深度函数进行消隐处理:

GL.glDepthFunc cfLEqual

GL.glEnable GL.GL_DEPTH_TEST

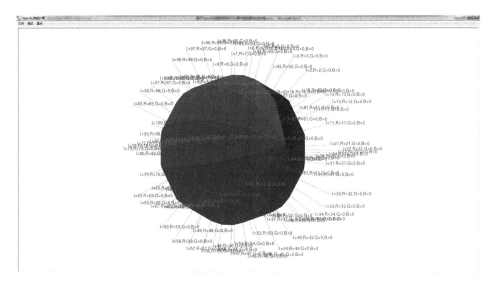

图 11‑2　面元着色及其对应的矢量、索引和 RGB 分量

为了清晰显示效果,可不绘制面元的背面。采用 OpenGL 的 glCullFace 函数,该函数用于指定在绘图时消除多边形的正面还是背面,此处消除面元的背面。具体代码如下:

GL.glCullFace faceBack

GL.glEnable GL.GL_CULL_FACE

(4) 读取颜色缓冲区的信息。通过获取视图区大小的信息,求解像素点个数 BNI,设置相关数据大小。对视图区进行像素拷贝,分别获得 R、G、B 的颜色分量。OpenGL 提供了可以一次性获取 R、G、B 所有颜色分量的参数设置,由于一次性获取的颜色分量是依次存储的,所以在计算过程中还需要开展颜色索引计算,增加了编程的复杂性。具体代码如下:

GL.glGetIntegerv glgViewport, BmpSize(0)

GL.glReadPixels 0, 0, BmpSize(2), BmpSize(3), rpRed, pxlByte, Rbits(1)

GL.glReadPixels 0, 0, BmpSize(2), Bmp‑Size(3), rpGreen, pxlByte, Gbits(1)

GL.glReadPixels 0, 0, BmpSize(2), Bmp‑Size(3), rpBlue, pxlByte, Gbits(1)

(5) 设置所有面元显示控制数组 SBoolean(I) = 0(I=1,2,…,NI)。

(6) 通过旋转变换变量求解视图区视线矢量。rQuadX、rQuadY、rQuadZ 分别是绕三轴旋转的角度,单位为(°),可根据鼠标旋转图形自动获取。该步骤不

是必需的,在 RCS 计算中入射波方向矢量是给定的,此处只是为后续的演示做准备。视图区视线矢量坐标为:

$$TX = -Cos(rQuadZ / 180 * PI) * Sin(rQuadY / 180 * PI)$$
$$TY = Sin(rQuadX / 180 * PI) * Cos(rQuadZ / 180 * PI)$$
$$TZ = Cos(rQuadX / 180 * PI) * Cos(rQuadY / 180 * PI)$$

(7) 对所有视图区的像素进行一次循环遍历,进行两次判断。第一次判断是将像素的 R、G、B 数值按照流程(2)的逆关系进行累加,如果它们之和小于等于面元个数总和 NI,则进入第二次判断。第二次判断是进行模型背风面元的判断,具体为求解入射矢量与面元矢量的内积。如果两者的内积小于等于零,则意味着该面元在该部件的背风面,肯定是属于被遮挡的面元。这个判断主要是为了增强程序的鲁棒性,后文会就此进行讨论。经过两次判断后,满足条件的面元显示控制数组 SBoolean(Index) = 1,该数组就是亮面数组信息。被遮挡面元的求解完成。

(8) 调用 OpenGL 显示函数,绘制亮面元和所有面元的边线,如图 11 - 3 所示。相对于图 11 - 2,图 11 - 3 显示的辅助信息个数有所减少,减少的显示信息就是被遮挡的面元信息。旋转模型后,被遮挡部分完全不显示了,只留下该面元的边线图形,如图 11 - 4 所示。

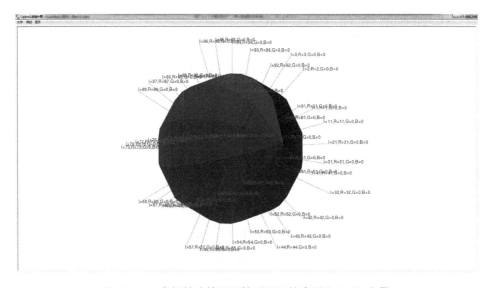

图 11 - 3　求解被遮挡面元挡后面元的索引和 RGB 分量

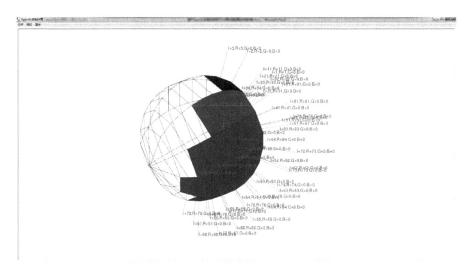

图 11-4 求解被遮挡面元后面元的索引和 **RGB** 分量(模型旋转后的显示效果)

11.2 案例测试

将边长为 1 m 的立方体作为测试案例,采用太阳辐射计算分析平台,构建立方体。为验证算法的普适性,将围绕 X 轴的面设置为规则的正方形网格,X 轴方向的面设置为多边形网格,如图 11-5 所示。以四边形面元为单位分别输出

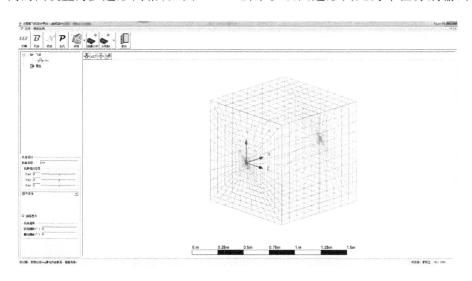

图 11-5 立方体模型构建

4 个节点坐标和该面元的法向矢量。将输出文件导入到基于本章方法开发的测试软件中,对侧视图与前视图进行面积计算。侧视图如图 11-6 所示。结果表明,规则面元的计算结果与理论结果完全一致,为 1 m²,如图 11-7、图 11-8 所示。由于数值求解多边形面元面积的过程中存在数值计算的截断误差,计算结果与理论结果有所差异,计算面积为 0.999 999 999 999 998 m²,但误差远小于 1×10^{-6},如图 11-9 所示。

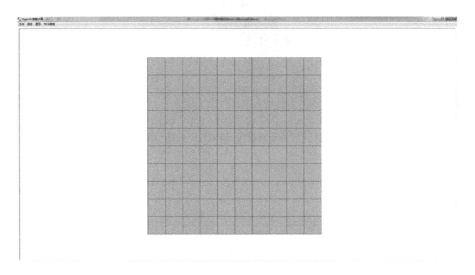

图 11-6 侧视图

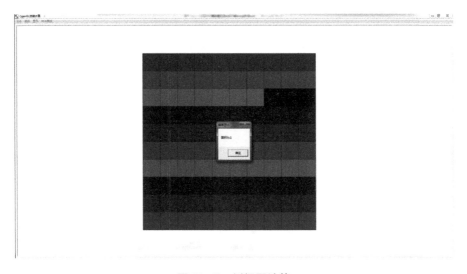

图 11-7 侧视图计算

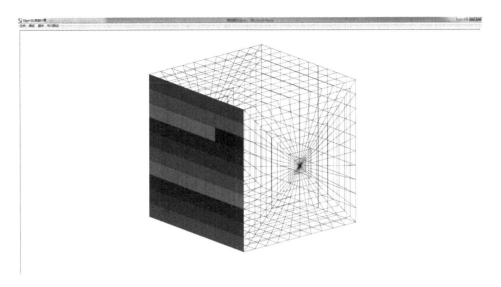

图 11 - 8 侧视图计算检查

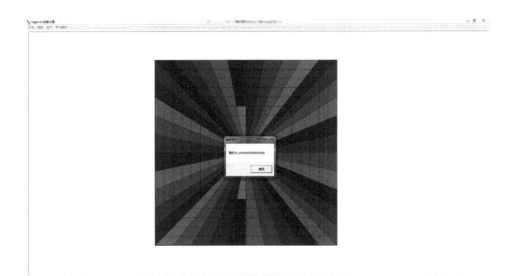

图 11 - 9 前视图计算

为了进一步验证算法的普适性,在设计平台中将该立方体绕 Z 轴旋转 45°(见图 11 - 10)。在前视图下对其面积进行计算,计算结果为 1.414 213 m²(见图 11 - 11),与理论结果 $\sqrt{2}$ ≈ 1.414 213 562 373 的误差小于 1×10⁻⁶。在侧视图下对其面积进行测试,虽然网格为规则的正方形,但其物理坐标是非规则的,在数值求解面积的过程中必然存在数值计算的截断误差,其计算精度与未旋转的相比有所降低,如图 11 - 12 所示,计算面积为 0.999 999 962 894 9 m²,误差仍小于 $1×10^{-6}$。

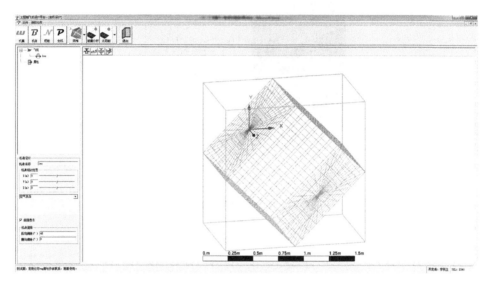

图 11 - 10　旋转后的模型构建

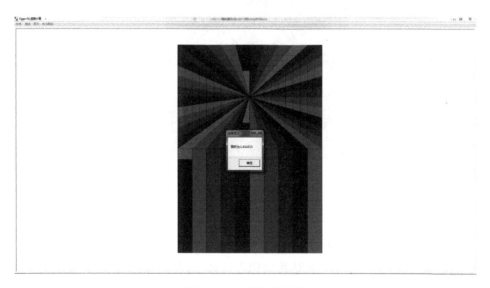

图 11 - 11　前视图计算

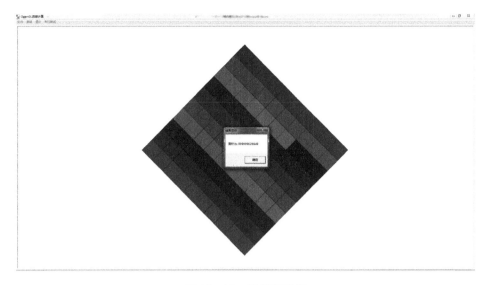

图 11 - 12　侧视图计算

对于曲面构型,将半径为 1 m 的球作为测试案例,构建模型并导入测试软件,如图 11 - 13 所示。经过遮挡求解后,得到其亮面面积为 3.138 80 m^2(见图 11 - 14),与理论值 3.141 59 m^2存在 0.002 89 m^2的偏差。图 11 - 15 为检查情况。测试球体的半球体面元个数为 1 200,半球体面元的平均投影面积约为 0.002 62 m^2,识别误差接近 1 个面元。

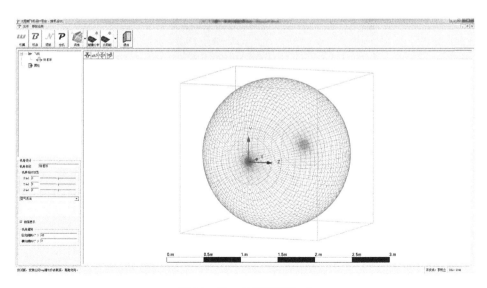

图 11 - 13　曲面模型构建

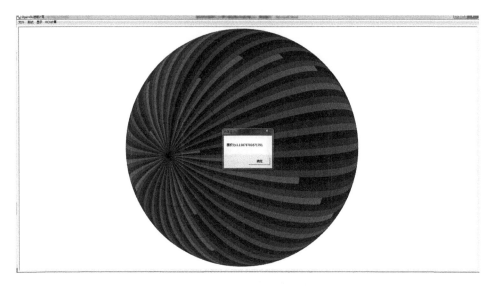

图 11 - 14　亮面面积计算

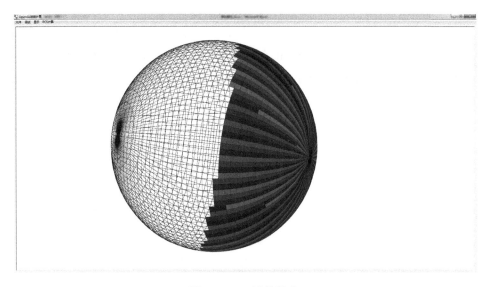

图 11 - 15　计算检查

11.3　遮挡测试

以一种太阳能无人机为遮挡测试案例,该机为盒式翼布局形式,翼面融合了前掠、后掠、上反、下反等多种形式,翼面组合复杂,发动机短舱数量众多,存在复杂的遮挡关系,如图 11 - 16 所示,非常适合开展案例测试。

图 11 - 16　太阳能无人机示例

使用计算分析平台构建该太阳能无人机的外形,如图 11 - 17 所示。将输出文件导入到基于本书方法开发的测试软件中,对面元和面元矢量进行检查,如图 11 - 18、图 11 - 19 所示。

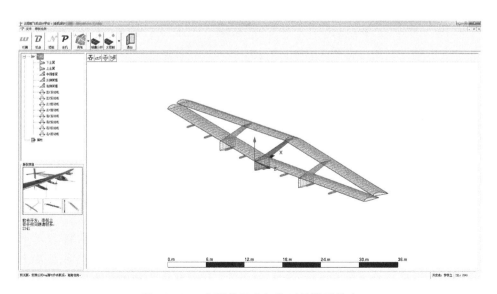

图 11 - 17　太阳能无人机外形的模型构建

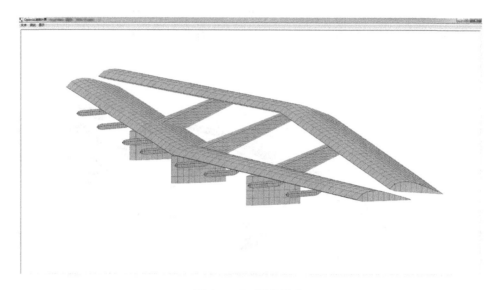

图 11 - 18　面元检查

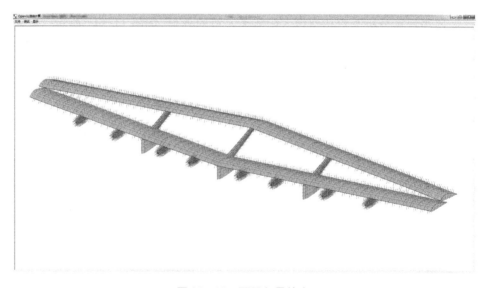

图 11 - 19　面元矢量检查

　　如图 11 - 20 所示,以侧视图为例,对被遮挡面元进行求解,求解结果如图 11 - 21 所示。图 11 - 22 是对局部进行放大后的视图,可以看出,翼面等大型部件的遮挡求解准确,发动机短舱的遮挡、前后翼连接缝隙处露出的支撑面也都能很好地分辨出来。

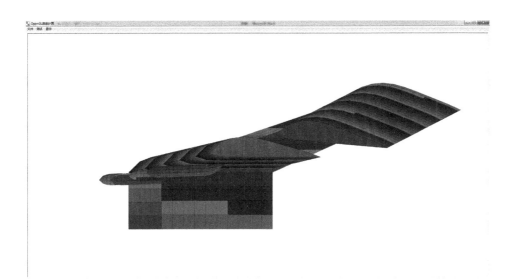

图 11 - 20　侧视图遮挡求解

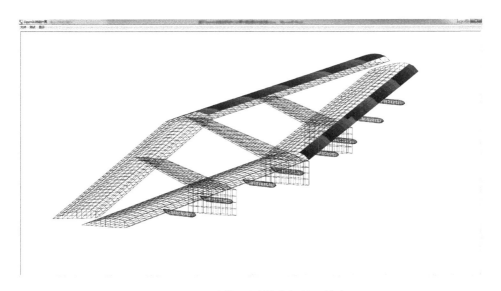

图 11 - 21　侧视图遮挡求解结果检查

图 11-22 侧视图遮挡求解结果放大检查

对其他视角进行被遮挡面元求解,求解结果如图 11-23、图 11-24 所示。

图 11-23 其他视图遮挡求解

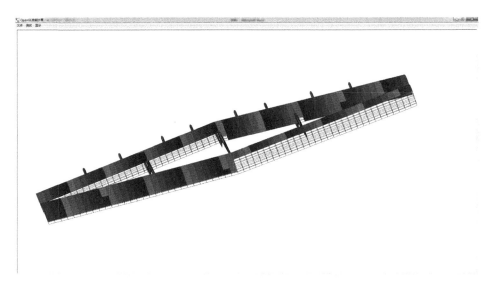

图 11－24 其他视图遮挡求解后检查

11.4 深度计算偏差处理

GRECO 法求解遮挡的快速性在于它利用了 OpenGL 的深度缓存区进行消隐。深度缓冲区存储的数值是每个像素与观察者的距离，启用 OpenGL 中的深度对比与深度测试，可以删除模型的隐藏表面，从而减少显示计算量，提高显示效率。经过深度显示处理后，从屏幕投影上确实看不到被遮挡面元。实际上 OpenGL 自身存在深度计算偏差，使得真实遮挡面元在深度缓存区中依旧被认为是应该显示的。为此，在测试代码中取消矢量判断，增加一个深度数据的数组变量，更改辅助信息输出并对此进行测试。载入如图 11－25 所示的机身模型，将其调整为前视图，求解该状态下前机身对后机身的遮挡，如图 11－26 所示。将模型旋转，检查遮挡处面元的求解情况，如图 11－27 所示。可发现机身尾部部分被遮挡的面元显示，也就是该面元的 SBoolean(Index) = 1。将辅助信息显示出来(见图 11－28)，其中 D 表示深度值，可以看出对于应该被遮挡的面元其深度值被错误地计算为 1，与可见面距离屏幕近的面元的深度值一致。由此可见，由于 OpenGL 求解的深度计算存在偏差，直接利用深度值进行遮挡判断会错误地增加面元，给最后的结果带来误差。本章假设无人机外形是凸面体，背风处的面元矢量与入射矢量的内积肯定小于 0，通过增加这个判断，可提升求解的鲁棒性和准确性。重新改回本章的算法,获得的结果如图 11 – 29、图 11 – 30 所示,可以看出本章的算法有效地弥补了 OpenGL 深度计算的偏差,获得了更加真实可信的结果。

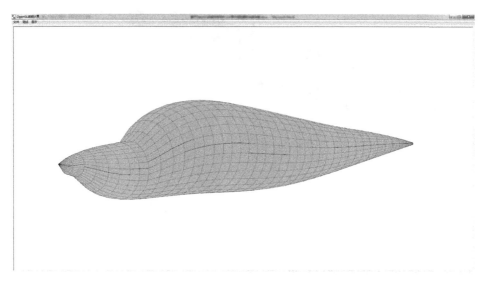

图 11 – 25   载入机身模型

图 11 – 26   无矢量判断的遮挡求解

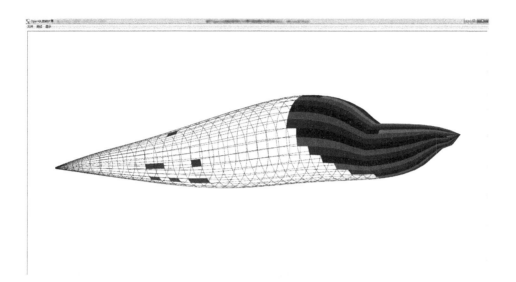

图 11 - 27　无矢量判断的遮挡求解检查

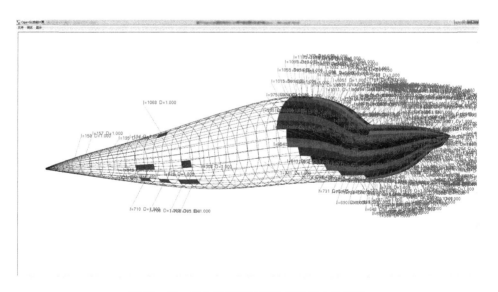

图 11 - 28　无矢量判断计算结果的深度值显示

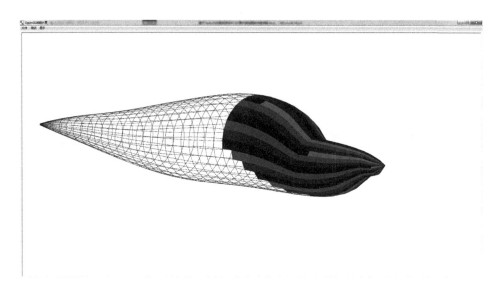

图 11 – 29　有矢量判断的遮挡求解检查

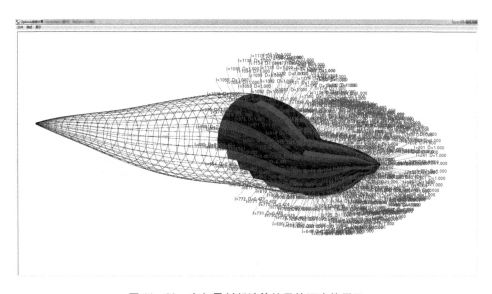

图 11 – 30　有矢量判断计算结果的深度值显示

OpenGL 中的深度计算偏差是普遍存在的,主要由深度缓存区的精度决定,这个现象称为深度冲突(Z-Fighting)[33]。使用深度缓冲区技术必然会遇到深度冲突的问题。一般在只是用于显示三维图形的 OpenGL 开发中采用深度偏移(polygon offset)[34]的方式来解决深度冲突。深度偏移的原理是拉开绘制图形的深度间隔,通过调整 GL.glPolygonOffset 函数中的 factor 和 units 两个参数,将离摄像机近的部件拉得更近、离摄像机远的部件拉得更远,如图 11–31 所示。具体代码如下:

```
GL.glEnable GL.GL_POLYGON_OFFSET_FILL
GL.glPolygonOffset 1, 1
GL.glBegin bmPolygon
    GL.glVertex3f PT1(1, I), PT1(2, I), PT1(3, I)
    GL.glVertex3f PT2(1, I), PT2(2, I), PT2(3, I)
    GL.glVertex3f PT3(1, I), PT3(2, I), PT3(3, I)
    GL.glVertex3f PT4(1, I), PT4(2, I), PT4(3, I)
GL.glEnd
GL.glDisable GL.GL_POLYGON_OFFSET_FILL
```

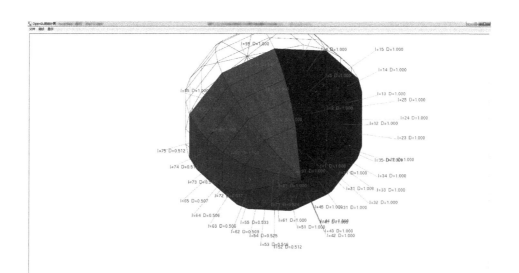

图 11–31 使用深度偏差函数得到的深度值

　　利用矢量内积的判断方法不仅能剔除偏差的深度信息,还能保证深度值的准确性,进而保证了遮挡算法的通用性,如图 11 - 32 所示。

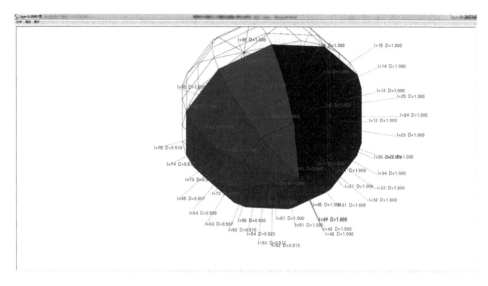

图 11 - 32　使用本章算法得到的深度值

11.5　边线的影响

　　在上文的展示中,图形都由面元及其边线构成,边线只是起到了指示的作用,这样便于对求解结果进行判断。如果在拷贝像素前就绘制边线,那么边线的存在必然会占用像素,在复杂外形求解中必然会影响处于边界的亮面的判断,降低了求解的精度。为了既保证遮挡求解精度又保证结果显示的直观,本节在算法描述中对此进行了说明,在此再次强调:在遮挡求解前关闭边线显示,只绘制所有的面元;然后拷贝显示区的像素并求解遮挡关系;最后开启边线显示,绘制未被遮挡的面元和所有面元的边线。

　　为了说明边线的影响,此处取消边线显示控制,对半径为 1 m 的球进行遮挡求解,亮面面积约为 3.132 78 m² (见图 11 - 33),与理论面积的误差为 0.008 8 m²,约为 3.3 个平均面元面积。

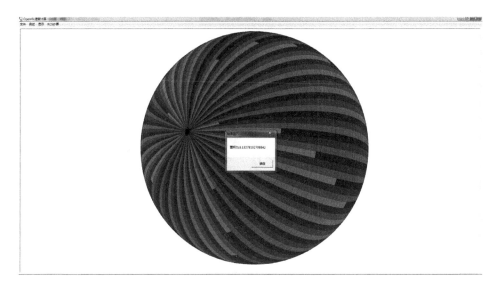

图 11 - 33　边线影响

11.6　面元背面的消除

在 11.1 节主体算法描述的第（3）步，引入了 glCullFace 函数进行面元背面图形的消除，该步骤并不是遮挡求解算法必需的步骤，但却是工程设计类软件开发中必须考虑的重要步骤。在此处将 glCullFace 函数禁用，载入模型并显示辅助信息，如图 11 - 34 所示。经过遮挡求解后获得图 11 - 35 的结果，模型显示的辅助信息个数与图 11 - 34 相比减少了许多，这说明遮挡面被消除。此时，将模型旋转，查看遮挡处的面元，如图 11 - 36 所示，可以看出被遮挡的面元不再显示。但是由于没有启用 glCullFace 函数对显示面元的背面进行消除，未被遮挡的面元背面颜色干扰了直观判断，需要多次旋转视图才能准确地开展遮挡求解检查，如图 11 - 37 所示。图 11 - 38、图 11 - 39 重新启用了glCullFace 函数，并关闭了辅助信息显示，遮挡求解完毕后的面元显示得更加清晰与直观。

在设计类软件开发中，人机交互性是非常重要的设计工作，通过精巧的逻辑设计与代码编写降低软件使用中可能出现的误判，能够极大地提高设计效率。

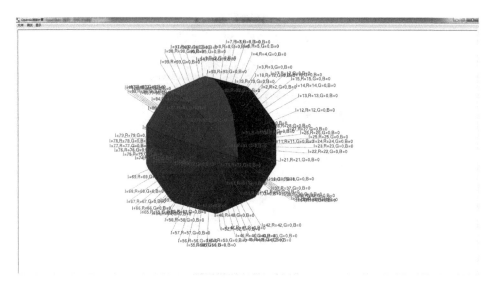

图 11 - 34 载入模型

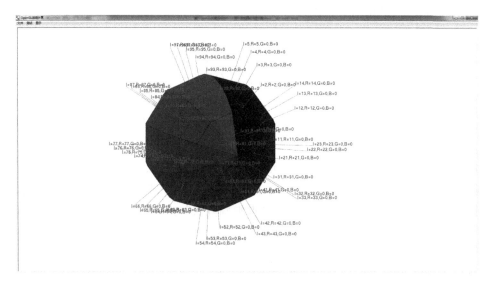

图 11 - 35 遮挡求解

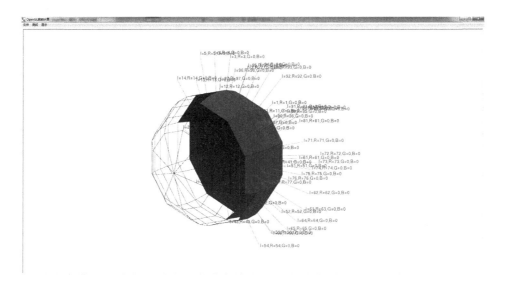

图 11 - 36　禁用 **glCullFace** 函数的显示效果

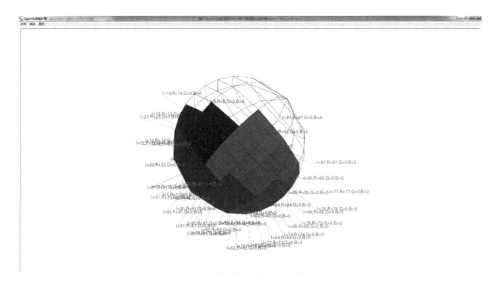

图 11 - 37　旋转查看

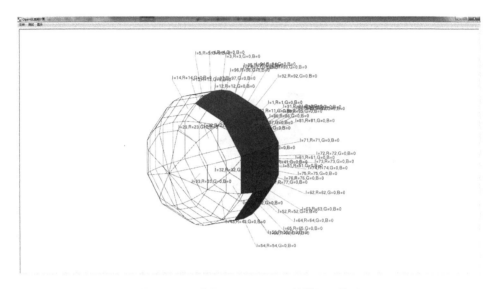

图 11 - 38　启用 glCullFace 函数的显示效果

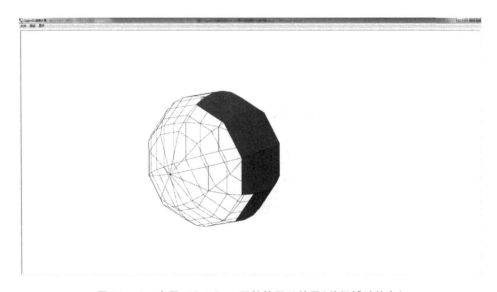

图 11 - 39　启用 glCullFace 函数的显示效果(关闭辅助信息)

11.7　面元的像素操作

　　一个面元是由多个像素组成,因此像素的个数 BNI 肯定是大于面元的个数 NI。按照 11.1 节所述对所有的像素进行一次遍历,由于每个面元上所有的像素颜色是一样的,本质上是对该面元的显示控制数组 SBoolean(Index)进行多次同样的赋值,并不影响该面元的显示特性。该处理方法无须进行两个循环的嵌套,极大地提升了计算效率。

参考文献

［1］张德虎,张健,李军府.太阳能飞机能量平衡建模［J］.航空学报,2016,37(S1):16-23.

［2］科普中国.吉林1号商业卫星［EB/OL］.［2022-05-24］.https://baike.baidu.com/item/吉林1号商业卫星.

［3］科普中国.太阳能飞机［EB/OL］.(2020-10-22)［2022-05-22］.https://baike.baidu.com/item/太阳能飞机/900547.

［4］地理监测云平台.空客防务与空间张晓舟:只受想象力限制的太阳能无人机［EB/OL］.(2015-6-24)［2022-05-22］.http://www.dsac.cn/News/Detail/22926.

［5］Re/code中文站.Facebook太阳能无人机首次试飞意外坠毁 原因何在?［EB/OL］.(2016-12-20)［2022-05-22］.https://news.solarbe.com/201612/20/106203.html.

［6］小狐狸.Facebook巨型上网无人机二次试飞成功并安全着陆［EB/OL］.(2017-06-30)［2022-05-22］.http://www.techweb.com.cn/internet/2017-06-30/2549743.shtml.

［7］徐宝座."彩虹"临近空间太阳能无人机2万米高空试飞成功［EB/OL］.(2017-6-14)［2022-05-22］.https://www.sohu.com/a/148875861_610290.

［8］张潇.27小时37分 魅影再刷新纪录［EB/OL］.(2019-09-09)［2022-05-22］.https://kjt.shaanxi.gov.cn/kjzx/mtjj/107778.html,.

［9］张衍垒,李兆杰,王生,等.平流层飞艇太阳能电池布设区域的计算与仿真［J］.计算机仿真,2011,26(8):71-76.

［10］施红,宋保银,姚秋萍.平流层飞艇太阳能源系统研究［J］.中国空间科学技术,2019(2):26-40.

［11］朱雄峰.基于广义能量的太阳能飞行器总体设计研究［D］.长沙:国防科学

技术大学,2014.

[12] 马东立,包文卓,乔宇航.利于冬季飞行的太阳能飞机构型研究[J].航空学报,2014,35(6):1581-1590.

[13] 猜测.BASIC(初学者通用符号指令代码)[EB/OL].(2022-03-08)[2022-05-22].https://baike.baidu.com/item/BASIC/207698.

[14] TOIBE 编程社区指数.2022 年 05 月编程语言排行榜[EB/OL].(2022-06-01)[2022-06-22].https://hellogithub.com/report/tiobe.

[15] osgChina.OSG 中文社区[EB/OL].(2022-06-01)[2022-06-22].http://www.osgchina.org.

[16] 杨婧,刘志璋,孟斌,等.基于 MATLAB 的太阳辐射资源计算[J].能源工程,2011(1):35-38.

[17] DARcorporation[EB/OL].[2022-11-22].https://www.darcorp.com/.

[18] XFLR5[EB/OL].[2022-11-22].http://www.xflr5.tech/xflr5.htm.

[19]《飞机设计手册》总编委会.飞机设计手册第 6 册:气动设计[M].北京:航空工业出版社,2002.

[20] 徐士良.FORTRAN 常用算法程序集[M].北京:清华大学出版社,1992.

[21] 赵凯,祝小平,周洲.太阳能飞机方案设计阶段建模与仿真[J].飞行力学,2011(1):13-16.

[22] 郑威,宋琦,李勇,等.平流层飞艇太阳电池阵发电功率计算及分析[J].宇航学,2010,31(4):1224-1230.

[23] 昌敏,周洲,王睿.基于机翼-帆尾的高纬度跨年驻留太阳能飞机总体参数设计方法[J].航空学报,2014,35(6):1592-1603.

[24] 艾俊强,张扬,王健.电磁计算在飞机隐身设计中的应用及未来需求[J].电波科学学报,2020,35(1):122-127.

[25] 姬金祖,刘战合.基于面元分组的电磁遮挡算法及其优化[J].北京航空航天大学学报,2009,35(4):453-456.

[26] 徐云学,龚书喜.基于 MATLAB 的电大尺寸目标 RCS 计算系统研究[J].电波科学学报,2007,22(2):266-270,291.

[27] 李建周.雷达散射截面算法研究及应用[D].西安:西北工业大学,2002.

[28] 王超.NURBS 曲面的 RCS 算法研究[D].西安:西北工业大学,2004.

[29] 黄兴军,戴全辉.用改进的 GRECO 方法预估飞航导弹的 RCS[J].战术导弹技术,2005(1):5-8.

[30] 崔俊伟.桅杆 RCS 可视化计算及风洞实验[D].大连:大连理工大学,2014.

［31］刘美连.基于多视图三维重构目标电磁散射计算方法研究［D］.西安：西安电子科技大学,2018.

［32］李鸿.基于软硬件 Z－Buffer 的电磁散射建模方法研究［D］.南京：东南大学,2017.

［33］PZZZB.深度缓冲格式、深度冲突及平台差异［EB/OL］.(2019－10－24)［2022－11－22］.https：//zhuanlan.zhihu.com/p/66175070.

［34］BIT 祝威.用 Polygon Offset 解决 z-fighting 和 stitching 问题［EB/OL］.(2015－06－12)［2022－11－22］.https://www.cnblogs.com/bitzhuwei/p/polygon-offset-for-stitching-andz-fighting.html.